Arthur II Digman
Jocelyn Camalig

Práticas ecológicas de transportadoras de baixo custo selecionadas nas Filipinas

Arthur ll Digman
Jocelyn Camalig

Práticas ecológicas de transportadoras de baixo custo selecionadas nas Filipinas

ScienciaScripts

This book is a translation from the original published under ISBN 978-620-2-07884-9.

Publisher:
Sciencia Scripts
is a trademark of
Dodo Books Indian Ocean Ltd. and OmniScriptum S.R.L publishing group

120 High Road, East Finchley, London, N2 9ED, United Kingdom
Str. Armeneasca 28/1, office 1, Chisinau MD-2012, Republic of Moldova, Europe
Printed at: see last page
ISBN: 978-620-8-01443-8

ÍNDICE

RECONHECIMENTO

Nunca teria sido capaz de terminar este estudo sem a orientação do Senhor, a ajuda dos colegas do Departamento CITHM e o apoio da minha família, especialmente dos meus irmãos, Annalene e Allene.

Gostaria de expressar a minha profunda gratidão à minha orientadora, Jocelyn Y. Camalig, pela sua excelente orientação, altruísmo, paciência e crença na boa execução do estudo, e por ser uma mentora e uma amiga.

Gostaria de agradecer à Sra. Lynette Rue, à Dra. Lilibeth Aragon e à Dra. Romina Barcarse , o Painel de Examinadores, por terem analisado meticulosamente o meu trabalho para poderem transmitir mais conhecimentos e sugestões.

Gostaria de agradecer a Dorinah Dolloso, Maybelle Mateo, Xyrand Dela Pena, John Paolo Pagente, Moley Sabale, os meus queridos alunos, por terem feito o trabalho braçal e me terem ajudado durante todo o processo de recolha e compilação dos dados necessários para documentar o instrumento de investigação.

Gostaria de agradecer aos meus amigos, Ryan Azur, Regil John Vergara, Gemmalyn Isabelo, Mark Lester Penus, Jan Noel Vero, Larina Miranda, Miriam Abayan, Malory Blanche Canlas, Princes Dimapilis, Yorkah Tuazon, Meejay Brando Alfers, que estiveram sempre presentes para partilhar as minhas alegrias e desilusões nesta viagem para escrever este trabalho.

Aos meus pais, Alejandra e Arturo, pelo seu amor incondicional. A vós.

Finalmente, a Deus Todo-Poderoso, por me ter dado vida, orientação e bênçãos durante a realização deste estudo.

A todos eles, estejoumey é dedicado de todo o coração.

ARTHUR B. DIGMAN II

Resumo

PRÁTICAS ECOLÓGICAS DE ASSISTÊNCIA A PASSAGEIROS DE COMPANHIAS AÉREAS SELECCIONADAS DE BAIXO CUSTO NAS FILIPINAS

Arthur B. Digman II e Jocelyn Y. Camalig

Proponente e Consultor de Investigação

O principal **objetivo** deste estudo é analisar as práticas ecológicas relacionadas com as áreas da conservação de energia, da reciclagem de resíduos e da segregação de resíduos que são implementadas pelas transportadoras de baixo custo selecionadas, bem como os desafios enfrentados e as oportunidades de progresso na sua adoção. Também se analisou a relação entre o perfil demográfico dos participantes e o grau de implementação de práticas ecológicas. Foi utilizado o **método descritivo** no estudo. A primeira fase do estudo consiste em identificar as variáveis incluídas no estudo e a segunda fase consiste na recolha de dados junto dos participantes através de um inquérito por questionário. Foi pedido a um total de 338 participantes que respondessem ao inquérito. A terceira fase é a análise dos dados para determinar as práticas ecológicas implementadas pelos CCV selecionados e o seu grau de implementação, bem como os desafios que enfrentaram e as oportunidades que lhes estão reservadas na sua tentativa de se tornarem ecológicos. Os **resultados** mostram que as práticas ecológicas das LCC são moderadamente praticadas pela maioria das companhias aéreas participantes. Não houve consistência em termos da sua aplicação. Mostram também que não existem provas concretas da promoção de práticas ecológicas nas suas actividades quotidianas. A conclusão aponta para todos os participantes que concordaram em dizer que a implementação de práticas ecológicas implica desafios para a organização, seja em termos de custos, implementação, produtividade e eficiência; do mesmo modo, em termos das oportunidades que estas companhias aéreas têm à sua disposição para se tornarem companhias aéreas ecológicas. **Recomendou** várias estratégias e o desenvolvimento de ideias para a tripulação de terra das companhias aéreas, gestores, indústria das companhias aéreas, governo e futuros investigadores.

Palavras-chave: Práticas verdes, conservação de energia, reciclagem de resíduos, segregação de resíduos, desafios, oportunidades, transportadoras de baixo custo

LISTA DE ABREVIATURAS

Abbreviation	Definition
AP	Always Practiced
AGC	Airline Ground Crew
AMGR	Airline Manager
BOD	Bio-chemicaal Oxygen Demand
CSR	Corporate Social Responsibility
DENR	Department of Environment and Natural Resources
ECC	Environmental Compliance Certificate
EMS	Environmental Management System
GMP	Green Management Practices
HP	Highly Practiced
HVAC	Heating, Ventilation and Air Conditioning
I	Interpretation
IATA	International Air Transportation Authority
ICAO	International Civil Aviation Organization
IENVA	IATA Environmental Assessment
ISO	International Organization for Standardization
LCC	Low Cost Carrier
LED	Light Emitting Diode
LGU	Local Government Unit
MP	Moderately Practiced

NA	Not Applicable
NP	Never Practiced
OM	Overall Mean
P.D.	Presidential Decree
P.O.	Provincial Ordinance
SP	Slightly Practiced
UNEP	United Nations Environment Program

CAPÍTULO 1

INTRODUÇÃO

A Philippine Airlines foi considerada a primeira companhia aérea comercial da Ásia e continua a evoluir para continuar o legado que iniciou na melhoria dos transportes aéreos no país. Juntamente com as tendências do sector dos transportes aéreos, surgiram as transportadoras de baixo custo, que também ajudam a satisfazer as necessidades de todos os filipinos para viajarem de forma eficiente. A Cebu Pacific foi considerada a segunda maior transportadora aérea do país, competindo fortemente com esta última companhia pioneira, juntamente com outras companhias aéreas como a Air Asia. Nesta investigação, poderemos avaliar a sua contribuição não só para a economia do país, mas também o impacto das suas operações no nosso ambiente.

[th]No decurso do século XX, o transporte aéreo tornou-se um dos sectores mais influentes do mundo. A aviação é um importante empregador direto e indireto - facilita a expansão do comércio mundial e proporciona oportunidades para viagens e turismo.

Nos últimos quarenta anos, o volume de viagens aéreas aumentou dez vezes e o transporte aéreo de mercadorias aumentou catorze vezes. As economias mundiais cresceram três a quatro vezes durante o mesmo período. O transporte aéreo tem sido um dos sectores económicos de crescimento mais rápido do mundo (IATA, 2011).

O sector global das companhias aéreas continua a crescer rapidamente, mas a rentabilidade consistente e sólida é difícil de alcançar (IATA, 2014). Grande parte do crescimento foi impulsionado pelas transportadoras de baixo custo, que controlam atualmente cerca de vinte e cinco por cento do mercado mundial e que têm vindo a expandir-se rapidamente nos mercados emergentes; o crescimento também resultou dos ganhos contínuos das transportadoras nos mercados desenvolvidos.

De acordo com o Tourism Towards 2030, 2012, o número de chegadas de turistas internacionais em todo o mundo deverá aumentar em média 3,3% ao ano durante o período de 2010 a 2030. Com o passar do tempo, a taxa de crescimento abrandará gradualmente, passando de 3,8% em 2011 para 2,5% em 2030, mas com base em números crescentes. Em números absolutos, as chegadas de turistas internacionais aumentarão em cerca de 43 milhões por ano, em comparação com um aumento médio de 28 milhões por ano durante o período de 1995 a 2010. Ao ritmo de crescimento projetado, as chegadas de turistas internacionais a nível mundial ultrapassarão os mil milhões até 2030. As chegadas de turistas internacionais aos destinos das economias emergentes da Ásia, América Latina, Europa Central e Oriental, Europa Mediterrânica Oriental, Médio Oriente e África crescerão ao dobro do ritmo (+4,4% por ano) dos destinos das economias avançadas (+2,2% por ano). Consequentemente, prevê-se que as chegadas às economias emergentes ultrapassem as das economias avançadas até 2015. Em 2030, 57% das chegadas internacionais serão efectuadas a destinos de economias emergentes (contra 30% em 1980) e 43% a destinos de economias avançadas (contra 70% em 1980). Por regiões, o maior crescimento registar-se-á na Ásia e no Pacífico, onde se prevê que as chegadas aumentem em 331 milhões, atingindo 535 milhões em 2030 (+4,9% por ano). O Médio Oriente e a África também deverão mais do que duplicar as suas chegadas no mesmo período, passando de 61 milhões para 149 milhões e de 50 milhões para 134 milhões, respetivamente. A Europa (de 475 milhões para 744 milhões) e a América (de 150 milhões para 248 milhões) registarão um crescimento comparativamente menor.

UNWTO, 2012, O transporte aéreo continuará a aumentar a sua quota de mercado, mas a um ritmo muito mais lento. Nas últimas três décadas, o transporte aéreo ultrapassou o transporte de superfície (rodoviário, ferroviário e marítimo) por uma margem considerável, respetivamente a uma taxa de 5,2% por ano contra 3,4% por ano. Nas últimas três décadas, as deslocações por via aérea ultrapassaram as deslocações por superfície, em comparação com 38% em 1980. Prevê-se que o transporte aéreo continue a crescer a um ritmo ligeiramente mais rápido de 3,4% ao ano, contra 3,2% ao ano para o transporte de superfície. Até 2030, prevê-se que 52% das chegadas internacionais sejam efectuadas por via aérea, contra 48% por via terrestre.

O aquecimento global e as alterações climáticas são as implicações da deterioração ambiental provocada pelos seres humanos. O impacto das diferentes indústrias desempenha um papel importante no estado de constante mudança do nosso ambiente. A indústria dos transportes, em especial o aparecimento de motores que accionam veículos para deslocar pessoas, bens e serviços, é a principal responsável pela poluição atmosférica, sonora e pelos resíduos. No mundo atual, o transporte aéreo é conhecido como o meio mais eficiente e mais rápido de aproximar o mundo. Como tal, contribuem para a prosperidade das comunidades locais que servem e criam oportunidades de emprego, negócios, comércio, trocas comerciais e turismo, bem como o desenvolvimento da compreensão intercultural (Diretrizes para a elaboração de relatórios de sustentabilidade, 2011). Este aumento da procura exigiu uma expansão significativa das infra-estruturas de aviação, o que provocou impactos ambientais diretos e indirectos.

Embora o conceito de sustentabilidade esteja cada vez mais desacreditado como conceito útil por si só, parece servir para alguma coisa quando precedido de um modificador delineador como "ecológico" ou "agrícola" ou "económico". Foram feitos esforços por membros de várias profissões para dar significado ao termo no contexto das respectivas profissões. Callicott e Mumford, por exemplo, desenvolvem o significado do termo "sustentabilidade ecológica" como um conceito útil para os biólogos da conservação. Quer se considere que a sustentabilidade existe como uma mesa de três pernas composta pelo ambiente, a economia e a sociedade, ou como uma relação dualista entre os seres humanos e o ecossistema que habitam, deve haver pelo menos um consenso de que garantir o fornecimento de ar limpo, água limpa e terra limpa e produtiva é fundamental para um sistema socioeconómico responsável (Morelli, 2012).

A sustentabilidade ambiental trata de factores e práticas que afectam o ambiente. A capacidade do ecossistema para manter os processos ecológicos, a biodiversidade e a produtividade no futuro depende das atitudes e acções das próprias pessoas que dele beneficiam. Isto exige responsabilidade (por parte dos aeroportos e das companhias aéreas) na utilização correta dos recursos naturais através do investimento em alternativas, da aplicação das tecnologias mais recentes para reduzir ao mínimo as emissões nocivas e da eliminação adequada dos resíduos para evitar que devastem a natureza (Mutuku, 2012).

O conceito de desenvolvimento sustentável é complexo e multifacetado: pode ser interpretado de muitas maneiras - o que pode levar a problemas quando se tenta avaliar se determinadas actividades humanas contribuem ou não para a promoção do desenvolvimento sustentável. No entanto, apesar de todo o carácter escorregadio do conceito, o desenvolvimento sustentável envolve certos princípios fundamentais: equilibrar os benefícios e custos económicos, sociais e ambientais das actividades; proteger a base de recursos naturais de que depende a sobrevivência humana (e de outras espécies); assegurar a equidade intergeracional e entre gerações, incluindo um forte empenho na redução da pobreza; e procurar formas mais participativas e justas de governo e governação. Uma forma de avaliar a relação entre o transporte aéreo e o desenvolvimento sustentável é perguntar em que medida o funcionamento do sector do transporte aéreo está alinhado com esses princípios fundamentais (Daley, B, 2010)

Várias empresas do sector dos serviços adoptaram programas ambientais específicos para fazer algo fisicamente para proteger o planeta. A indústria hoteleira também está a tomar várias iniciativas, quer por razões ambientais, quer por razões económicas, quer para construir uma imagem positiva. Alguns foram mais longe e adoptaram iniciativas voluntárias de autorregulação, como as normas do Sistema Internacional de Gestão Ambiental ou a Organização Internacional de Normalização (ISO) 14001, a fim de desenvolver abordagens sistemáticas para melhorar o desempenho ambiental (Abut, 2012).

As Práticas de Gestão Verde (PGV), também designadas por Sistema de Gestão Ambiental (SGA), ambientalismo empresarial e/ou práticas/iniciativas ambientais, centram-se na identificação das melhores práticas que, simultaneamente, reduzem os impactos negativos das actividades da empresa no ambiente natural e contribuem para um melhor desempenho da empresa. Consiste em processos operacionais e na recolha de esforços internos de planeamento e implementação de negócios (Lun, 2011). Darnall e Edwards, 2006, citaram uma abordagem em cinco etapas para ilustrar a adoção das BPF. Os passos são: 1) assegurar o compromisso de uma gestão ambiental responsável, 2) avaliação das operações comerciais e definição de objectivos, 3) criação de uma estrutura de gestão e ligação com parceiros comerciais para realizar os seus objectivos ambientais, 4) monitorização e tomada de medidas corretivas, 5) revisão da gestão para fornecer avaliações críticas, novas preocupações ambientais e recomendações.

As BPF têm sido estudadas e associadas ao desempenho das empresas, especificamente no contexto do desempenho económico e do desempenho ambiental. No estudo de Lun, 2011, concluiu-se que a adoção das BPF parece ter uma relação vantajosa em termos de desempenho económico e ambiental.

As organizações são também pressionadas a fazer outras coisas para além de serem lucrativas. Também se espera que as organizações realizem esforços ou iniciativas ambientais como parte da sua Responsabilidade Social Empresarial (RSE). Abut (2013) citou no seu estudo que, de acordo com Caroil (1999), a Responsabilidade Social das Empresas é a responsabilidade económica, legal, ética e filantrópica das empresas. Frederick (1998) expandiu o paradigma da RSE, argumentando que o ambiente natural deveria ser incluído no contexto da RSE. Recomendou que as organizações praticassem voluntariamente práticas "verdes", tais como a salvaguarda dos habitats naturais, a eliminação dos resíduos físicos das operações, a conservação dos recursos naturais não renováveis, a informação dos clientes sobre os impactos ambientais dos produtos e a correção das condições que podem pôr em perigo o ambiente natural.

Antecedentes do estudo

Nesta era, as companhias aéreas avaliam o seu sucesso não só pelo lucro que obtêm do seu espaço, mas também pela sustentabilidade com que contribuíram para diminuir a pegada de carbono que as aeronaves emitem. As companhias aéreas estão empenhadas em reduzir a sua pegada ambiental, incluindo o seu papel na redução das emissões globais de gases com efeito de estufa. Neste estudo, serão abordadas as práticas ecológicas das operações terrestres das companhias aéreas, como os seus escritórios e balcões de check-in, se as conhecem ou se as praticam nas suas operações quotidianas.

Vergara (2015) citou no seu estudo que as empresas que enfatizam o facto de estarem a tentar ser amigas do ambiente podem ganhar o favor dos consumidores que pensam da mesma forma. Tornar os esforços das empresas para se tornarem ecológicas uma parte da sua campanha de marketing, mencionando as mudanças ecológicas que fizeram, tais como a utilização de produtos reciclados ou a alteração dos seus processos de fabrico para outros que sejam mais seguros para o ambiente. Para além disso, podem também doar dinheiro a causas que beneficiem o ambiente.

À medida que a consciência ambiental aumenta, os consumidores estão a exigir mais produtos e serviços ecológicos, de acordo com o sítio Web do Green Business Bureau. Os consumidores ambientalmente conscientes verificam os rótulos dos produtos e embalagens feitos de materiais reciclados. Devido a esta consciência crescente, a quota de mercado dos produtos ecológicos tem continuado a expandir-se numa variedade de indústrias. As empresas podem explorar este mercado oferecendo mais produtos e serviços ecológicos.

"Tornar-se ecológico" é mais do que uma tendência para os empresários que investem os seus recursos na procura das formas mais eficientes de tornar as suas empresas mais ecológicas. As empresas reconhecem os muitos benefícios da adoção de um ambiente e de políticas amigas do ambiente. Reforçam os seus esforços através da organização de comités. Estes comités são compostos por funcionários que se concentram em iniciativas ecológicas, como a reciclagem, a utilização de transportes públicos e a conservação de energia, desligando o equipamento e as luzes quando não estão a ser utilizados.

As transportadoras de baixo custo ou também conhecidas como companhias aéreas de baixo custo revolucionaram totalmente o sector do transporte aéreo de passageiros. Conforme citado na revista Development of Business Models of Low-cost Airlines (2013), as companhias aéreas de baixo custo revolucionaram o mercado de médio curso em resultado da liberalização e desregulamentação do mercado da aviação na Europa, proporcionando viagens aéreas a preços significativamente mais baixos. O conceito foi originalmente desenvolvido nos EUA nos anos 70 do século passado, após o que, nos anos 90, se espalhou primeiro pela Europa e, finalmente, pelo resto do mundo. O modelo de negócio segundo o qual as companhias aéreas de baixo custo tinham custos de exploração até 50% inferiores aos das companhias aéreas de rede completa (FNSA) já não é viável, devido à crise económica mundial e ao aumento dos custos do combustível, mas também porque as FNSA ajustaram os seus modelos de negócio às condições de mercado existentes. Num esforço para manter a quota de mercado nos mercados de médio curso, as FNSA oferecem novos produtos, reorganizam e racionalizam as suas operações e reduzem os custos e as taxas dos seus serviços. Tal como a dinâmica do sector aeroportuário se alterou, o mesmo aconteceu com as estratégias comerciais da LCA.

As alterações climáticas estão agora a ser reconhecidas e abordadas por diferentes companhias aéreas através da Associação Internacional de Transportes Aéreos (IATA), para mitigar as emissões de dióxido de carbono das aeronaves. As companhias aéreas membros da referida associação adoptaram objectivos ambiciosos para reduzir os impactos negativos das emissões para uma média de 1,5 por cento por ano entre 2009 e 2020.

O ruído dos motores das aeronaves é o desafio ambiental mais significativo com que se confrontam os aeroportos, as companhias aéreas e a comunidade envolvente e continuará a ser a maior preocupação no futuro. Na maioria dos casos, as estratégias de atenuação adoptadas pelos aeroportos e pelas companhias aéreas para ajudar a reduzir o impacto do ruído das aeronaves não satisfizeram todas as comunidades vizinhas.

Em qualquer dia, há inúmeros voos comerciais nos céus dos EUA. Para além dos aviões, há vários veículos terrestres nos aeroportos que dependem de combustíveis fósseis. Os veículos incluem o equipamento de apoio em terra utilizado nos aeroportos, como o reboque de aeronaves, o manuseamento de bagagens, a manutenção/reparação, o reabastecimento e os veículos de serviço alimentar, bem como os veículos utilizados exclusivamente para o transporte de passageiros. Todos eles afectam a qualidade do ar local, podendo tornar-se um problema grave se não forem tratados. Na maioria dos casos, a determinação da qualidade do ar baseia-se na concentração de poluentes provenientes de fontes naturais e artificiais. (Mutuku, 2012)

Assim, o principal objetivo deste estudo foi analisar as práticas ecológicas relacionadas com as áreas da redução dos resíduos sólidos e do consumo de energia que são implementadas pelas transportadoras de baixo custo selecionadas e os desafios enfrentados e as oportunidades armazenadas na sua adoção.

Declaração do problema

O estudo visa determinar as diferentes práticas ecológicas no departamento de tratamento de passageiros de transportadoras aéreas de baixo custo selecionadas nas Filipinas, o seu nível de aplicação e os desafios e oportunidades de se tornar ecológico.

Especificamente, o estudo pretende responder ao seguinte:

1. Qual é o perfil demográfico dos participantes de acordo com:

1.1. Idade

1.2. Sexo

1.3. Empresa,

1.4. Posição, e

1.5. Tempo de serviço?

2. Quais são as diferentes práticas ecológicas no departamento de tratamento de passageiros de determinadas companhias de transportes marítimos regulares nas Filipinas?

3. Qual é o grau de aplicação destas práticas ecológicas?

4. Quais são os desafios que as LCC enfrentaram na adoção de práticas ecológicas em termos de:

4.1. Custo,

4.2. Implementação e

4.3. Eficiência e produtividade?

5. Quais são os benefícios para os CCL selecionados na implementação de práticas ecológicas?

6. Existe uma relação entre o perfil demográfico dos participantes e o grau de implementação das práticas ecológicas dos CCV?

Quadro concetual

O estudo intitulado "Green Practices of Airline Passenger Handling in Selected Low Cost Carriers in the Philippines" (Práticas Ecológicas de Tratamento de Passageiros de Companhias Aéreas em Companhias Aéreas de Baixo Custo Selecionadas nas Filipinas) foi criado para averiguar as diferentes práticas ecológicas implementadas por estas companhias aéreas de baixo custo e determinar o seu impacto nas suas operações. O estudo também se centrou na determinação dos diferentes desafios enfrentados por estas transportadoras de baixo custo durante a concetualização e implementação de práticas de gestão ecológicas e nas oportunidades de adoção de práticas de gestão ecológicas para praticar a responsabilidade social das empresas, ajudando o ambiente através de actividades que promovam a preservação do ambiente.

Para determinar se o objetivo do estudo foi devidamente cumprido, a avaliação será uma das principais preocupações. É o processo de determinar as práticas de gestão ecológica, os desafios na sua implementação e as oportunidades na sua adoção. Trata-se de uma tentativa sistemática de verificar os progressos realizados nas BPF no sentido da concretização dos objectivos de realização de actividades respeitadoras do ambiente nas operações. Trata-se de um ato de avaliação das aquisições pelos trabalhadores de todas as formas de práticas de gestão ecológica, com base não só nos dados definitivos do desempenho do trabalhador em matéria de aprendizagem de factos, competências, capacidades e personalidade, mas também em dados descritivos e qualitativos sobre as suas mudanças de personalidade, tais como atitudes sociais, interesses, ideais, modo de pensar, hábitos de trabalho e adaptabilidade pessoal e social.

A relação entre as variáveis do estudo foi traçada de acordo com o seguinte quadro concetual. Havia duas variáveis principais, nomeadamente: as práticas de gestão ecológica e o impacto da sua implementação nas operações.

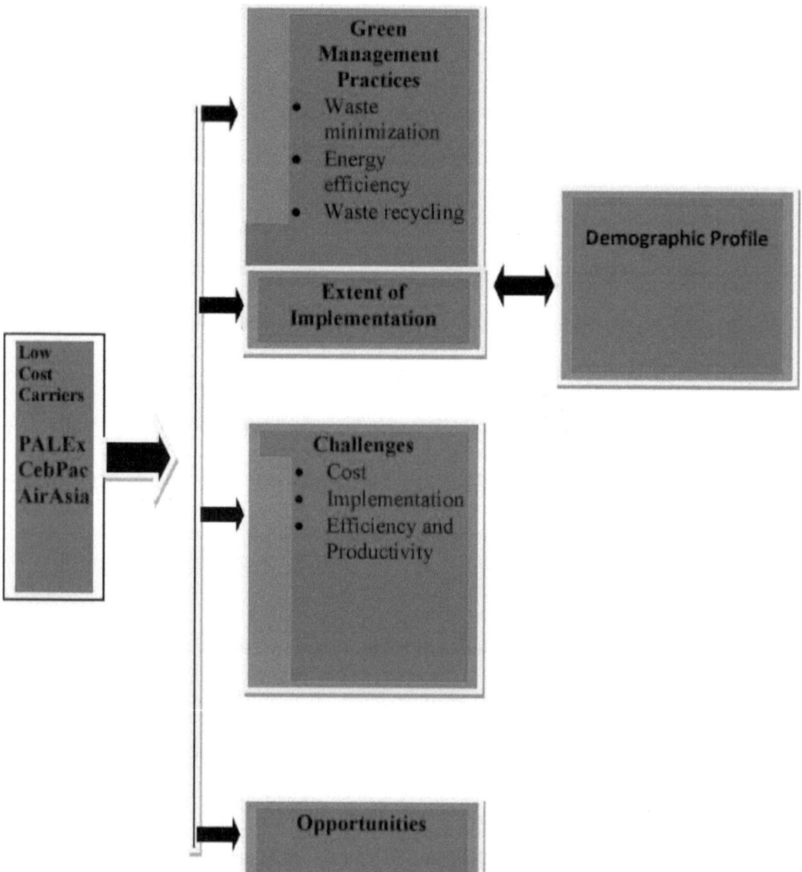

Figura 1. A implementação de práticas de gestão ecológica nas transportadoras de baixo custo

Hipótese

H0$_1$: Não existe uma relação significativa entre o perfil demográfico dos participantes e o nível de implementação das práticas ecológicas das transportadoras aéreas de baixo custo.

Importância do estudo

Os resultados do estudo serão benéficos para os seguintes aspectos:

Setor das companhias aéreas. O estudo servirá de guia para a implementação de práticas ecológicas nas transportadoras de baixo custo, a fim de melhorar o controlo dos custos, incentivando a conservação dos materiais, reduzindo a utilização de energia, aumentando a produtividade, reduzindo a eliminação e promovendo a poupança de recursos.

Governo. O estudo servirá como referência de apoio às leis ambientais relacionadas, à formulação de planos, programas e actividades de apoio à campanha "Go Green". Isto permitiu-lhes conhecer as diferentes iniciativas das transportadoras Lowcost selecionadas nas Filipinas e o seu grau de implementação e conformidade com as diferentes leis ambientais.

Tripulação de terra. O estudo dar-lhes-á uma melhor compreensão das questões ambientais que precisam de ser abordadas e permitir-lhes-á assumir as suas próprias responsabilidades, percebendo a sua participação na preservação do ambiente.

Gestores de companhias aéreas. O estudo ajudará os gestores das companhias aéreas a disporem de um conjunto de práticas de gestão ecológica definidas. Isto deu-lhes informações sobre o grau de conformidade com as normas de práticas ecológicas definidas por parte dos membros da tripulação. A análise da relação entre o perfil da tripulação e o grau de conformidade com as diretrizes definidas também foi benéfica para eles, pois deu-lhes uma visão geral sobre se os factores demográficos afectam o desempenho da sua tripulação em relação à implementação de práticas ecológicas. Este estudo também lhes permitiu conhecer as diferentes áreas a melhorar em relação à implementação de práticas de gestão ecológica.

Futuros investigadores. O estudo servirá de referência para os investigadores que pretendam aprofundar as diferentes práticas de gestão ambiental das companhias aéreas.

Âmbito de aplicação e limitações

O estudo explorará principalmente as práticas de gestão ecológica de transportadoras aéreas de baixo custo selecionadas nas Filipinas, os desafios enfrentados e as oportunidades de implementação na sua adoção. Este estudo será realizado durante o segundo trimestre de 2015, abrangendo três companhias aéreas de baixo custo selecionadas nas Filipinas, nomeadamente a PAL Express, a Cebu Pacific Air e a Air Asia Philippines. Os participantes são os gestores e o pessoal das companhias aéreas (departamento de tratamento de passageiros e escritórios das companhias aéreas). A análise e a interpretação do estudo basear-se-ão nas respostas dos participantes ao questionário concebido pelo investigador, que será validado e aprovado pelos membros do painel e por um perito do sector. As áreas abrangidas pelo inquérito incluem o perfil dos participantes, as práticas de gestão ecológica das companhias aéreas, especificamente a conservação de energia, a utilização de produtos e/ou materiais ecológicos e a gestão de resíduos sólidos. O estudo centrou-se apenas nas operações da companhia aérea no tratamento de passageiros, nos escritórios da companhia aérea e nas suas actividades quotidianas.

Definição de termos

Na realização do estudo serão utilizados os seguintes termos:

Poluição atmosférica. A introdução de partículas, materiais biológicos ou outros materiais nocivos na atmosfera terrestre, possivelmente causando doenças, morte de seres humanos, danos a outros organismos vivos, como culturas alimentares, ou ao ambiente natural ou construído.

Diretor de estação de uma companhia aérea. O gestor responsável pelas operações em terra de uma companhia aérea numa determinada estação.

Carência Bioquímica de Oxigénio (CBO). Um indicador de poluição. É uma medida do oxigénio utilizado pelos microrganismos para decompor os resíduos orgânicos. Quanto mais elevada for a CBO, maior será a poluição.

O Certificado de Não Cobertura (CNC) é uma certificação emitida pelo Gabinete de Gestão Ambiental (EMB) que atesta que, com base na descrição do projeto apresentado, o projeto não está abrangido pelo sistema da Declaração de Impacto Ambiental (DIA) e não é necessário obter um Certificado de Conformidade Ambiental (CCA).

O Departamento do Ambiente e dos Recursos Naturais (DENR) é o principal organismo governamental responsável pelo ambiente e pelos recursos naturais do país. O DENR está encarregado de formular políticas, orientações, regras e regulamentos relativos à gestão ambiental e à prevenção e controlo da poluição.

Conformidade. É uma indicação afirmativa de que um produto ou serviço cumpriu o requisito do regulamento relevante; também o estado de cumprimento do requisito.

Os resíduos compostáveis são resíduos biodegradáveis, tais como resíduos alimentares, resíduos de jardim, resíduos animais e resíduos humanos. Sofrem degradação biológica em condições controladas e podem ser transformados em composto (corretor de solos ou fertilizante orgânico) misturando-os com solo, água, ar e aditivos/activadores biológicos.

Conformidade. Uma indicação afirmativa de que um produto ou serviço cumpriu os requisitos de uma especificação relevante; também o estado de cumprimento dos requisitos, geralmente refere-se ao cumprimento dos requisitos das normas de gestão ISO14001.

Custo. O montante ou equivalente pago ou cobrado por algo.

Eficiência. A qualidade de grau ou de ser eficiente.

Emissão. Ato de fazer passar para a atmosfera um contaminante atmosférico, um poluente, um fluxo de gás ou um som indesejado a partir de uma fonte conhecida.

Empregado. Uma pessoa contratada, autorizada a trabalhar por um proprietário.

Empregador. Uma entidade jurídica que controla e dirige um empregado ou trabalhador ao abrigo de um contrato de trabalho expresso ou implícito e que lhe paga (ou é obrigada a pagar) um salário ou ordenado como compensação.

A conservação de energia refere-se à redução de energia através da utilização de uma menor quantidade de um serviço energético. A conservação de energia difere da utilização eficiente de energia, que se refere à utilização de menos energia para um serviço constante.

Ambiente. É o ambiente em que uma organização opera, incluindo o ar, a água, a terra, os recursos naturais, os recursos humanos e a sua inter-relação.

Auditoria ambiental. Processo de verificação sistemático e documentado que consiste em obter e avaliar objetivamente provas de auditoria e determinar se determinadas actividades, acontecimentos, condições, sistemas de gestão ou informações sobre estas questões ambientais estão em conformidade com os critérios de auditoria e comunicar os resultados deste processo ao cliente.

Certificado de Conformidade Ambiental (CCA). É o documento emitido pelo DENR/EMB após uma análise positiva de um pedido de CCE, certificando que, com base nas declarações do proponente, o projeto ou empreendimento proposto não causará um impacto ambiental negativo significativo. O CCE certifica igualmente que o proponente cumpriu todos os requisitos do Sistema de Informação Ambiental e comprometeu-se a aplicar o seu Plano de Gestão Ambiental aprovado. O CCE contém medidas e condições específicas que o proponente do projeto tem de tomar antes e durante o funcionamento de um projeto e, em alguns casos, durante a fase de abandono do projeto para mitigar os impactos ambientais identificados.

Educação ambiental para o desenvolvimento sustentável. Processo destinado a ajudar as pessoas a tornarem-se mais conscientes e preocupadas com o ambiente e a empenharem-se em manter um equilíbrio entre a qualidade de vida e a qualidade do ambiente.

Impacto ambiental. Alteração do ambiente, adversa ou benéfica, total ou parcialmente resultante das actividades, produtos ou serviços de uma organização.

Gestão ambiental. Actividades técnicas e organizacionais destinadas a reduzir o impacto sobre o ambiente devido à atividade de uma empresa.

Práticas de Gestão Ambiental. Iniciativa colectiva que aumenta a eficiência sob o pretexto da proteção ambiental e um processo contínuo adotado através de decisões de gestão, através do qual as actividades são monitorizadas e são concebidos programas e actividades adequados para reduzir os impactos ambientais negativos.

Sistema de Gestão Ambiental. Um conjunto de procedimentos organizacionais, responsabilidades, processos e meios necessários para implementar as políticas ambientais da empresa.

Valores ambientais. A preocupação e as crenças de cada um sobre a importância e a preservação do ambiente.

Transportadora com serviço completo. Uma companhia aérea de serviço completo oferece normalmente aos passageiros entretenimento a bordo, bagagem registada, refeições, bebidas e comodidades como cobertores e almofadas no preço do bilhete. Os assentos são geralmente mais reclináveis do que os de uma transportadora de baixo custo, bem como têm mais espaço para as pernas.

Tripulação de terra. As pessoas que, num aeroporto, tomam conta do avião enquanto este está em terra.

Implementação. O processo de pôr algo em ação.

Associação Internacional de Transportes Aéreos (IATA). Organização internacional fundada com o objetivo de proporcionar um transporte aéreo seguro, protegido e sustentável às companhias aéreas suas associadas.

Organização Internacional da Aviação Civil (ICAO). É uma agência especializada das Nações Unidas, responsável pelo estabelecimento de normas internacionais, práticas e procedimentos recomendados que abrangem os domínios técnico, económico e jurídico das operações da aviação civil internacional.

Tempo de serviço. Longevidade. Duração do serviço ou do emprego.

Transportadora de baixo custo. É uma companhia aérea que oferece tarifas geralmente baixas em troca da eliminação dos serviços habituais aos passageiros. É também designada por "no-frills ou budget carrier".

Poluição. É a presença ou a introdução no solo, no ar e na água de substâncias que têm efeitos nocivos. É o efeito de resíduos que são mal geridos.

Produtividade. A qualidade ou estado de ser produtivo.

Reciclagem. Recolha e reprocessamento de produtos manufacturados para reutilização sob a mesma forma ou como um novo produto, recuperando os recursos contidos nos materiais originais.

Regulamentos. Conjunto de leis e regras observadas pelos órgãos de governo de uma determinada área/país.

Saneamento. Manutenção de condições saudáveis e higiénicas, isentas de microrganismos transmissores de doenças.

Resíduos sólidos. Refere-se a materiais não solúveis, tais como resíduos agrícolas, resíduos industriais, resíduos mineiros, resíduos de demolição, lixo municipal ou mesmo lamas de depuração. A maior parte deste tipo de resíduos não pode ser reciclada ou reabilitada para utilização posterior.

Desenvolvimento sustentável. Integrar as necessidades de proteção ecológica, desenvolvimento social e oportunidades económicas em todas as tomadas de decisão para satisfazer as necessidades das gerações presentes e futuras.

Resíduos. Qualquer material, substância ou subproduto eliminado ou descarregado por já não ser útil ou necessário após a conclusão de um processo. É a incapacidade de utilizar algo valioso de uma forma eficaz, de modo a que não produza os benefícios que poderia produzir.

CAPÍTULO 2

REVISÃO DA LITERATURA

O capítulo apresenta as leituras sobre os diferentes conceitos, ideias e estudos efectuados por vários autores, que permitem compreender o estudo.

[ththth]A história da gestão ambiental pode ser contada desde os séculos XVIII e XIX durante a revolução industrial, a falta de normas para os produtos e processos industriais no início do século XX, a criação de leis e regulamentos ambientais a partir da década de 1970, o aparecimento de códigos voluntários de conduta empresarial e de práticas de gestão ambiental nos últimos 30 anos, os desenvolvimentos internacionais relacionados com a gestão ambiental e o desenvolvimento mais recente de normas e orientações internacionais de gestão ambiental para facilitar o comércio global.

Prevê-se que a procura mundial de viagens aéreas aumente significativamente no futuro. Embora os benefícios deste crescimento sejam substanciais, é provável que seja acompanhado de um aumento dos impactos ambientais relacionados com a aviação. A qualidade do ar local, os níveis de ruído ambiente, a qualidade da água, o consumo de energia e as alterações climáticas são alguns dos impactos mais preocupantes. A pressão exercida sobre o sector da aviação para equilibrar o aumento da procura com a proteção do ambiente é extremamente elevada. Por conseguinte, é fundamental adotar uma abordagem eficaz para manter as operações e satisfazer os requisitos ambientais futuros. É provável que a identificação dos impactos ambientais significativos da aviação e a gestão eficaz desses impactos através da utilização de tecnologia, procedimentos e políticas desempenhem um papel importante no crescimento sustentável do sector da aviação.

Sistemas de gestão ambiental

A expressão "desenvolvimento sustentável" foi inicialmente cunhada e promovida pela

Comissão Mundial das Nações Unidas para o Ambiente e o Desenvolvimento (WCED), presidida pela Primeira-Ministra Gro Harlem Brudndtland da Noruega. O relatório de 1987 desta comissão, O Nosso Futuro Comum, propôs estratégias a longo prazo para alcançar o "desenvolvimento sustentável" (WCED, 1987). O núcleo da sua definição combinava o progresso económico e social global com o respeito pelos sistemas naturais e pela qualidade ambiental: o desenvolvimento sustentável, argumentava, significava um desenvolvimento que satisfizesse as necessidades básicas das gerações actuais para satisfazerem as suas próprias necessidades.

Os sistemas de gestão ambiental (SGA) estão a ser cada vez mais utilizados no sector aeroportuário para gerir questões ambientais e de sustentabilidade. Normalmente, os SGA são concebidos para garantir que um aeroporto gere adequadamente as operações que têm um potencial de impacto significativo no ambiente ou que estão associadas a requisitos regulamentares.

De acordo com o Relatório da ICAO sobre Sistemas de Gestão Ambiental (2012), os Sistemas de Gestão Ambiental (SGA) fornecem uma metodologia e um enquadramento para identificar sistematicamente e gerir de forma rentável os aspectos ambientais significativos das operações das organizações de aviação e têm-se revelado eficazes num vasto leque de organizações, incluindo aeroportos, transportadoras aéreas, fabricantes e agências governamentais. Consequentemente, o reconhecimento internacional do valor potencial do SGA como ferramenta para ajudar as organizações de aviação a gerir as suas questões ambientais está a aumentar. A ICAO pretendia compreender melhor a aplicação do SGA pelas organizações de aviação, gerir e incentivar a sua implementação para as ajudar a ultrapassar os desafios ambientais e a aproveitar melhor as oportunidades ambientais.

Influências externas do SGA

De acordo com a discussão de Marcus e Fremeth, afirmada no estudo de Sutherland

(2013), quase todas as grandes empresas do mundo atual reconheceram as reivindicações da gestão ecológica não como um mecanismo defensivo para manter a legitimidade e o direito de operar, mas como uma peça central da missão contínua e da razão de ser de uma organização. Existe também literatura sobre o assunto que sugere uma série de razões pelas quais as empresas participam em iniciativas ambientais voluntárias, que podem ser orientadas por benefícios financeiros, vantagens competitivas, melhoria da imagem e desejo de atrasar ou evitar acções regulamentares e pressões das partes interessadas.

As compras ambientais também podem melhorar a posição económica de uma empresa, reduzindo os custos de eliminação e de responsabilidade, conservando os recursos e melhorando a imagem pública da empresa (Mendiola, 2013).

De acordo com Vergara, (2015), os clientes, um grupo importante de partes interessadas de uma empresa, estão agora conscientes das questões relativas ao ambiente. O cliente é um grupo que tem mais probabilidades de convencer os empresários do impacto económico das práticas amigas do ambiente. Os clientes podem ter um impacto direto na empresa através das suas despesas, e os fornecedores através da divulgação de conhecimentos sobre melhores práticas ambientais na indústria. Mendiola (2013) afirmou que a capacidade de demonstrar responsabilidade ambiental também pode ser utilizada na estratégia de marketing para manter ou aumentar a quota de mercado e para diferenciar a organização dos seus concorrentes.

De acordo com Gadenne et al, Vergara (2015) afirma que as práticas dos Sistemas de Gestão Ambiental das empresas são influenciadas por diferentes legislações. A regulamentação ambiental conduz a melhores procedimentos e práticas ambientais. Alguns empresários consideram que a legislação é valiosa na medida em que indica claramente o que lhes é exigido e é justa porque existem sanções em caso de incumprimento. Para satisfazer os requisitos específicos da legislação, o governo estabelece princípios e políticas sob a forma de decretos presidenciais e leis da República.

Tais legislações são a RA n.º 8479 ou a Lei do Ar Limpo de 1999 e a RA n.º 6969 ou a Lei de Controlo das Substâncias Tóxicas e dos Resíduos Perigosos e Nucleares de 1990. Através destes exemplos de legislação, espera-se que as empresas obtenham melhores resultados ambientais. Existe também um regulamento sobre a conservação da água para evitar a poluição da água. Esta lei é conhecida como "Philippine Clean Water Act of 2004". O Estado deve prosseguir uma política de crescimento económico de uma forma consistente com a proteção, preservação e revitalização da qualidade das nossas águas doces, salobras e marinhas. Para atingir este objetivo, deve ser prosseguido o quadro do desenvolvimento sustentável. Uma das políticas previstas na lei consiste em formular e aplicar um sistema de responsabilização pelo impacto ambiental adverso a curto e a longo prazo de um projeto, programa ou atividade; e em incentivar a sociedade civil e outros sectores, em especial o trabalho, o meio académico e as empresas que desenvolvem actividades relacionadas com o ambiente, nos seus esforços para organizar, educar e motivar as pessoas a abordar questões e problemas ambientais pertinentes a nível local e nacional. A presente lei aplica-se à gestão da qualidade da água em todas as massas de água: Desde que se aplique principalmente à redução e ao controlo da poluição proveniente de fontes terrestres: Desde que, além disso, as normas e regulamentos relativos à qualidade da água e as disposições penais e de responsabilidade civil previstas na presente lei sejam aplicadas independentemente das fontes de poluição.

Responsabilidade ambiental no sector das companhias aéreas

A responsabilidade ambiental é um pilar do nosso sector, juntamente com a segurança e a proteção (Frontstream, 2013).

De acordo com Sutherland (2013), como o ambiente é parte integrante do desenvolvimento sustentável da Responsabilidade Social das Empresas , mesmo quando a palavra "ambiente" não está incluída, a responsabilidade ambiental é uma parte implícita da responsabilidade social. Na última década, a RSE foi o tema principal de um número limitado de estudos de uma pequena comunidade académica de prática e estes estudos centraram-se principalmente nas três áreas temáticas de macro-nível: implementação; a lógica económica para agir de forma mais responsável; e as relações sociais da RSE. Tanto os académicos como os profissionais têm explorado conceitos semelhantes aos da RSE, como o desempenho social das empresas (CSP), a sustentabilidade empresarial (CS) e a gestão ambiental (EM) (Chang, D., Chen, S., Hsu, C. et al, 2015)

De um modo geral, a aviação e a sustentabilidade parecem contradizer-se. O tráfego aéreo global aumentará enormemente nos próximos 15 anos, o que conduzirá a um aumento das emissões de carbono, do consumo de matérias-primas e da poluição em geral. Por conseguinte, é necessário desenvolver acções que apoiem e satisfaçam as expectativas das partes interessadas, bem como cuidar do ambiente (Antilla et al., 2010).

O Painel Intergovernamental sobre as Alterações Climáticas (IPCC), galardoado com o Prémio Nobel, indica que a aviação contribui com cerca de 2% das emissões de dióxido de carbono (CO_2) produzidas pelo homem. No entanto, existem provas que sugerem que as emissões das aeronaves a grande altitude, que não sejam de CO_2, podem ter impactos climáticos adicionais. Estão em curso estudos para investigar as complexas reacções físicas e químicas que ocorrem na atmosfera superior (IATA, 2015).

As alterações climáticas são uma das maiores ameaças que enfrentamos. Acções quotidianas como utilizar equipamentos eléctricos, aquecer a casa, conduzir um automóvel e viajar de avião consomem energia e produzem emissões de gases com efeito de estufa, em especial dióxido de carbono (CO_2) - o que contribui para as alterações climáticas. Os governos, as empresas e os indivíduos são todos responsáveis pela redução das emissões de carbono que produzem. Pode compensar as suas próprias emissões pagando a alguém para fazer uma poupança equivalente de gases com efeito de estufa. Isto é conhecido como "compensação de carbono" e inclui o investimento em projectos, como a energia renovável de parques eólicos e centrais hidroeléctricas. Cada vez mais pessoas e empresas estão a oferecer-se para compensar as suas emissões. A compensação não é uma "cura" para as alterações climáticas, uma vez que a forma mais eficaz de combater as alterações climáticas é reduzir as nossas emissões. No entanto, se for feita da forma correta, a compensação pode reduzir o impacto das nossas acções e ajudar a aumentar a sensibilização para esta questão. (IATA, 2015).

Os passageiros podem compensar as emissões causadas pelo seu voo. O princípio é que as emissões de cada voo são divididas entre os passageiros. Assim, cada passageiro pode pagar para compensar as emissões causadas pela sua quota-parte das emissões do voo. Os passageiros podem compensar as suas emissões investindo em projectos de redução de carbono que geram créditos de carbono. (IATA, 2015)

Embora a RSE não seja implementada em todas as companhias aéreas, o papel que os operadores aéreos desempenharão nas acções comerciais do futuro dependerá muito das acções que tomarem agora para proteger a sociedade, a economia e o ambiente (Antilla et al., 2010).

Responsabilidade social no sector das companhias aéreas

De acordo com Sutherland (2010), as empresas devem ser recomendadas a prosseguir iniciativas de Responsabilidade Social Empresarial, a serem abertas quanto aos seus objectivos empresariais e a escolherem actividades de RSE com resultados que sejam evidentes para os clientes e as partes interessadas. Lynes e Andrachuk (2008), argumentam que a RSE se refere frequentemente a motivações financeiras alcançáveis a curto e médio prazo através de eco-eficiências, enquanto que ser socialmente responsável enquanto empresa gera ganhos diretos, embora não diretamente tangíveis. Mas também as diferentes partes interessadas, empregados, clientes e a sociedade em geral, incluindo o ambiente humano e físico (Phillips, 2006). Segundo Friedman (1970), todos os recursos e capacidades das empresas devem ser utilizados para aumentar os lucros dos acionistas, a não ser que mantenham ou atraiam trabalhadores desejáveis. Por exemplo, os melhores talentos e a reputação serão adquiridos quando uma empresa tiver uma boa responsabilidade social corporativa (Selvaraj et al., 2012). Porter e Kramer (2011) argumentam que a abordagem de questões sociais e ambientais pode gerar retornos económicos que, por sua vez, proporcionam vantagens para a empresa, tais como uma força de trabalho mais instruída e/ou uma economia comunitária mais saudável. Subsequentemente, serão adquiridas muitas formas de servir novas necessidades, expandir mercados, ganhar eficiência e criar diferenciação quando as empresas associarem melhor o seu sucesso à melhoria da sociedade (ibid). A sustentabilidade também pode ser vista como uma oportunidade de negócio futura para ajudar a criar a tecnologia e os mercados de amanhã. Os factores que podem causar uma industrialização crescente e, por conseguinte, a poluição, o aumento das populações, a pobreza e a desigualdade proporcionam oportunidades para novos modelos empresariais. As empresas podem criar valor sustentável tornando-se mais eficientes, destruindo as capacidades e tecnologias insustentáveis existentes e tornando-se mais reactivas à procura das partes interessadas externas (Porter e van de Linde, 1995).

Salvarajah et al. (2012) conclui que a cultura pode ser uma razão definitiva para as empresas "implementarem" a RSE. A cultura, definida como "cultura jurisdicional", é utilizada por Annandale e Taplin (2003) para indicar as diferenças entre as línguas, as organizações sociais, as religiões, a política, a lei, os valores, as atitudes e o sistema educativo dos países que afectam a relação entre os indivíduos, as organizações e o domínio político. É de salientar que os factores culturais influenciam as actividades de RSE das empresas que operam nesse país (ibid). A investigação Bertels et al. (2010) define a cultura de sustentabilidade numa organização como "aquela em que os membros da organização partilham pressupostos e crenças sobre a importância de equilibrar a eficiência económica, a equidade social e a responsabilidade ambiental", apoiando assim um ambiente saudável, melhorando a vida dos outros e visando uma operação bem sucedida a longo prazo. De acordo com Lynes e Andrachuk (2008), a cultura pode ter um impacto encorajador ou desencorajador na responsabilidade social e ambiental das empresas (RSE) e argumentam que a RSE pode ser mais eficaz em determinadas culturas do que noutras.

Acções sociais no sector das companhias aéreas

Embora muitos estudos tenham explorado o sector das companhias aéreas, poucos se centraram nas actividades de RSE deste sector. Sustainability, 2015, apresentou uma revisão do turismo e da RSE que comparou a investigação académica recente sobre RSE no sector do turismo. A investigação indicou que, no sector do turismo, a indústria das companhias aéreas é a que atrai mais atenção académica. As razões para tal incluem a contribuição da indústria para as alterações climáticas e o facto de as companhias aéreas terem várias caraterísticas semelhantes às das indústrias transformadoras: regulamentação intensa, elevadas barreiras à entrada, elevados custos de capital e tendências para oligopólios.

A indústria aeronáutica desempenha um papel importante no sector do turismo, o que a incentiva a corresponder às elevadas expectativas em matéria de práticas de RSE. O sector das companhias aéreas induz não só efeitos ambientais, mas também efeitos económicos e sociais. Coles, (2013) salientou que o sector das companhias aéreas está mais preocupado com as questões ambientais do que com as suas implicações económicas ou sociais.

Uma companhia aérea média publica relatórios de sustentabilidade RSE ou relatórios de desenvolvimento sustentável para refletir sobre as suas contribuições económicas, ambientais e sociais, juntamente com as numerosas questões sustentáveis. Hsu, 2013, afirmou que o conceito-chave de um relatório de RSE é o envolvimento das partes interessadas.

Instituições do sector dos transportes aéreos

De acordo com a investigação de Sutherland (2010), não é apenas a mudança no comportamento do consumidor no que respeita à sua reação às questões ambientais que as companhias aéreas têm de ter em conta. Enquanto os modelos de negócio das companhias aéreas incluírem aeronaves poluentes, o sector não pode fugir ao cumprimento das crescentes expectativas das partes interessadas e da regulamentação ambiental. Uma vez que, por qualquer razão, os esforços da própria empresa em matéria de RSE não compensam suficientemente os seus impactos ambientais, pode ser necessária regulamentação governamental adicional. Porter e Kramer (2011) afirmam que a regulamentação é necessária para o bom funcionamento dos mercados, algo que se tornou claro durante a recente crise financeira. No entanto, devido à forma como é concebida e aplicada, a regulamentação pode tanto beneficiar a sociedade como funcionar contra ela (ibid), ou seja, criar valor económico de uma forma que também crie valor para a sociedade, respondendo às suas necessidades e desafios (ibid). "O tipo certo de regulamentação governamental pode encorajar as empresas a procurar valor partilhado; o tipo errado funciona contra isso e até torna inevitáveis os compromissos entre objectivos económicos e sociais", (Porter et al.,2011). Por conseguinte, a inovação deve ser estimulada e os objectivos fixados por regulamentos que reforcem o valor partilhado.

Regras e regulamentos no sector das companhias aéreas

De acordo com o estudo efectuado por Sutherland (2010), o sector das companhias aéreas é regulado por regras e legislação de instituições internacionais, federais, regionais e locais. Lynes e Andrachuk salientam que as organizações industriais, como a IATA, a ICAO e o Air Transport Act Group (ATAG), devido à imagem negativa associada aos aspectos ambientais das viagens aéreas, fazem pressão para obter um forte apoio para uma justificação política e social. Especialmente as transportadoras mais antigas, como a AF/KLM, a BA, a LH e a SAS, desejam assumir certas responsabilidades para manter uma imagem positiva do seu país de origem. Lynes e Dredge argumentam que uma imagem ambiental positiva, por exemplo, pode influenciar as regras e a regulamentação de outras companhias aéreas e dos seus fornecedores e beneficiar as negociações relativas aos quadros regulamentares do sector dos transportes aéreos.

É necessária uma abordagem global, uma vez que as emissões da aviação não estão limitadas às fronteiras de um único país. Em Quioto (1997), os governos negociaram a forma de limitar as alterações climáticas - em que as emissões da aviação são reconhecidas como um elemento difícil de tratar. Por conseguinte, a ICAO adoptou princípios orientadores para a conceção e aplicação de medidas baseadas no mercado (MBM) para a aviação internacional. Estas medidas incluem:

• As emissões devem ser contabilizadas a nível global, em vez de uma abordagem fragmentada pelos diferentes Estados-Membros.

• As emissões - tanto dos voos domésticos como dos internacionais - devem ser contabilizadas uma única vez e quaisquer medidas baseadas no mercado não devem ser duplicadas.

• Considerar as necessidades especiais dos Estados.

• Igualdade de tratamento dos operadores nas rotas.

• As emissões são tratadas através de uma combinação de operações, tecnologias, infra-estruturas e medidas económicas.

• Acesso aberto aos mercados e mecanismos mundiais.

• As receitas eventuais serão prioritariamente reinvestidas na redução do carbono na aviação.

O diretor de RSE da Qatar Airways explicou a influência das questões ambientais e da rápida evolução do panorama regulamentar na sua companhia aérea: "As questões ambientais estão no topo da agenda, com o Regime de Comércio de Licenças de Emissão (ETS) da União Europeia e uma manta de retalhos crescente de ETS em todo o mundo" (UBM Aviation, 2012). Porter e Kramer (2011) defendem, por conseguinte, um período de introdução gradual em que as empresas têm tempo para desenvolver e introduzir novos processos de uma forma coerente com a economia da empresa.

De acordo com a Convenção-Quadro das Nações Unidas sobre as Alterações Climáticas (CQNUAC, 2011), os governos têm a responsabilidade de estabelecer os quadros jurídicos e fiscais adequados para facilitar e aumentar o investimento em medidas rentáveis de redução das emissões de CO2. Estas incluirão, por exemplo, novas tecnologias de aeronaves e motores, combustíveis alternativos sustentáveis com baixo teor de carbono (biocombustíveis) e infra-estruturas de gestão do tráfego aéreo mais eficientes (ibid). No entanto, algumas melhorias na eficiência das infra-estruturas e da gestão do tráfego aéreo dependem de investimentos governamentais diretos, sobre os quais o sector das companhias aéreas tem pouca visibilidade e controlo (ibid). Uma informação e explicação adequadas permitirão que o sector das companhias aéreas tenha acesso total e ilimitado ao mercado mundial do carbono e utilize as medidas de atenuação disponíveis fora do sector (ibid). A situação é bastante complexa, uma vez que as companhias aéreas, os aeroportos e os fabricantes de aeronaves estão sujeitos a diferentes regulamentações e autoridades jurisdicionais. As normas de gestão ambiental são complexas e sobrepõem-se e, além disso, a regulamentação dos resíduos, do ruído e das emissões atmosféricas está a dar origem a mais legislação e normas, por vezes contraditórias (ibid). Uma vez que estão envolvidos tantos departamentos governamentais diferentes, todos eles devem desempenhar o seu papel na organização de uma política adequada de transportes e energia, no financiamento da investigação e do desenvolvimento, em projectos-piloto como o lançamento de biocombustíveis sustentáveis e na promoção de incentivos fiscais e ao investimento para apoiar a indústria aeronáutica (ibid).

Factores económicos no sector das companhias aéreas

De acordo com o relatório anual da IATA de 2015, foram apresentados pontos-chave sobre a forma como a agência avalia o desempenho económico do sector dos transportes aéreos:

• Este ano, os consumidores beneficiam de tarifas mais baixas, de mais rotas e gastam 1% do PIB mundial em transportes aéreos.

• O desenvolvimento económico é o grande vencedor da duplicação dos pares de cidades e da redução para metade dos custos do transporte aéreo nos últimos 20 anos.

• Os governos ganharam substancialmente com 121 mil milhões de dólares de impostos este ano e 58. 1 milhão de empregos na cadeia de abastecimento.

• Os acionistas têm um ano melhor, com um ROIC médio das companhias aéreas de 5,4%, mas continuam a ganhar menos 15 mil milhões de dólares do que deveriam.

• O consumo de combustível por RTK diminui mais 1,9% em relação ao ano anterior, poupando 14 milhões de toneladas de emissões de CO_2 e 4 mil milhões de dólares em custos de combustível.

• Prevê-se que os factores de carga ultrapassem os 80% pela primeira vez e que as novas entregas de aeronaves representem um investimento de 150 mil milhões de dólares.

• Os empregos no sector deverão atingir 2,39 milhões, a produtividade aumentou 2,5% e o VAB/trabalhador ultrapassou os 100 000 dólares.

• Os custos de utilização das infra-estruturas estão a aumentar e as ineficiências na Europa, só por si, acrescentam 3,8 mil milhões de dólares aos custos das companhias aéreas este ano.

• A região da América do Norte registou o melhor desempenho, com uma margem de lucro líquido após impostos de 4,3%. A região de África é a pior, com apenas 0,8%

Consumidores

Este ano, os consumidores estão a assistir a um aumento substancial do valor que retiram do transporte aéreo. Prevemos que 1% do PIB mundial seja gasto em transportes aéreos em 2014, atingindo quase 750 mil milhões de dólares. As viagens aéreas estão a acelerar, com um crescimento de 5,9% este ano, o melhor desde 2011, ultrapassando a tendência de 5,5% dos últimos 20 anos. Esta evolução deve-se em parte à retoma do ciclo económico, com um crescimento mais rápido do PIB e do comércio mundial. Mas os consumidores também estão a beneficiar de viagens mais baratas, com a tarifa média de ida (antes de sobretaxas e impostos) de 231 dólares em 2014 a ser 3,5% mais baixa do que no ano passado, depois de ajustada à inflação. As empresas também estão a beneficiar, com o custo do transporte de mercadorias a cair 4% este ano. O transporte aéreo de mercadorias tem estado em queda desde 2010, mas este ano é evidente uma lenta recuperação cíclica.

Economia alargada

O desenvolvimento económico a nível mundial está a receber um impulso significativo do transporte aéreo. Este benefício económico mais amplo está a ser gerado pelo aumento das ligações entre cidades - permitindo o fluxo de bens, pessoas, capital, tecnologia e ideias - e reduzindo os custos do transporte aéreo. Estima-se que o número de ligações únicas de pares de cidades seja superior a 16.000, quase o dobro da conetividade aérea de há vinte anos. O preço do transporte aéreo para os utilizadores continua a diminuir, depois de ajustado à inflação. Em comparação com vinte anos atrás, os custos reais de transporte diminuíram para mais de metade.

Governo

Os governos também ganharam substancialmente com o bom desempenho do sector das companhias aéreas. Este ano, as companhias aéreas e os seus clientes geraram cerca de

121 mil milhões de dólares em receitas fiscais. Isto equivale a mais de 50% do VAB (Valor Acrescentado Bruto, que é o equivalente ao PIB ao nível da empresa) do sector, pago aos governos em impostos sobre os salários, a segurança social, as empresas e os produtos. Note-se que os encargos com serviços estão excluídos. Além disso, o sector continua a criar postos de trabalho de elevado valor acrescentado.

Fornecedores de capital

Os fornecedores de dívida à indústria aeronáutica são bem recompensados pelo seu capital, normalmente investido com a segurança de um ativo aeronáutico muito móvel para o apoiar. Os lucros líquidos após impostos são positivos, prevendo-se que atinjam 18 mil milhões de dólares este ano, pelo que o sector está a gerar receitas suficientes para pagar as contas dos fornecedores e o serviço da dívida. Mas 18 mil milhões de dólares representam uma margem sobre as receitas de apenas 2,4%, pelo que não seria preciso um grande choque para fazer com que mais de 7 mil milhões de dólares de custos de juros da dívida parecessem um desafio. Os acionistas não são devidamente recompensados por arriscarem o seu capital, exceto num punhado de companhias aéreas. Os investidores devem esperar obter, pelo menos, o retorno normal gerado por activos com um perfil de risco semelhante, o custo médio ponderado do capital (WACC). A rendibilidade média do capital investido (ROIC) no sector das companhias aéreas tem vindo a melhorar, prevendo-se que este ano atinja os 5,4%. No entanto, este valor é mais de 2% inferior ao que deveria ser num sector altamente competitivo. Na maioria dos sectores, é superior. A intensidade da concorrência e os desafios para fazer negócios são tais que os retornos médios raramente são tão elevados como o custo de capital do sector. Os investidores em acções estão a ver o seu capital diminuir. No entanto, a melhoria do desempenho do sector reduziu significativamente a taxa de perda de valor dos investidores, em quase 700 mil milhões de dólares de capital investido, para 15 mil milhões de dólares este ano. A tendência de melhoria dos rendimentos está a ser impulsionada por mudanças na estrutura e no comportamento. Os factores de carga de equilíbrio estão normalmente numa dolorosa tendência ascendente, uma vez que os rendimentos caem mais rapidamente do que as reduções de custos. Este ano, estão a diminuir, em parte devido ao impacto do aumento das receitas acessórias. Além disso, a consolidação e um comportamento mais racional aumentaram e atingiram os factores de carga.

Trabalho

As companhias aéreas continuam a contratar este ano. O crescimento do emprego não é tão forte como em 2010 e o ritmo está a começar a abrandar a partir de 2013, mas o inquérito da IATA aos diretores financeiros das companhias aéreas em abril revelou um saldo líquido positivo, afirmando que iriam aumentar as contratações nos próximos 12 meses. Estimamos que o emprego total nas companhias aéreas atinja 2,39 milhões este ano, um aumento de 2,6% em relação ao ano passado. A produtividade também tem sido forte, com o empregado médio a gerar 478 ATKs em 2014, o que representa uma melhoria de 2,5% em relação ao ano passado. Esta forte tendência de melhoria da produtividade está a ajudar as companhias aéreas a manter os custos unitários do trabalho sob controlo, um objetivo importante tendo em conta os custos de combustível persistentemente elevados. Este ano, estimamos que os custos unitários do trabalho serão reduzidos em 0,7%. Os postos de trabalho que estão a ser criados não são apenas produtivos para os empregadores das companhias aéreas; são também altamente produtivos para as economias em que estão empregados. Estimamos que o VAB direto para as economias nacionais, gerado pelo trabalhador médio das companhias aéreas, aumentará 4% este ano, para mais de 100 000 dólares por ano, o que é muito superior à média da economia em geral.

Infra-estruturas

Os parceiros de infra-estruturas desempenham um papel importante no serviço que as companhias aéreas prestam aos seus clientes, afectando a experiência, a oportunidade da viagem e o seu custo. O custo direto pago pela utilização das infra-estruturas tem sido cada vez mais transferido para o passageiro. O custo global da utilização das infra-estruturas aeroportuárias e dos ANSP aumentou acentuadamente na última década, em parte porque as pressões concorrenciais são muito fracas nesta parte da cadeia de abastecimento. Este facto contrasta com o aumento relativamente limitado de outros custos não relacionados com o combustível para as companhias aéreas. Além disso, as ineficiências que provocam atrasos e as rotas ineficientes aumentam o custo direto. Calculamos que os atrasos causados por uma gestão ineficaz do espaço aéreo só na Europa custarão ao sector 3,8 mil milhões de dólares este ano, para além de gerarem emissões de CO2 desnecessárias. O tempo que os passageiros perdem com estes atrasos representa um custo para o consumidor estimado em 7,7 mil milhões de dólares.

Regiões

O desempenho financeiro mais forte está a ser apresentado pelas companhias aéreas da América do Norte. Os lucros líquidos após impostos são os mais elevados, atingindo 9,2 mil milhões de dólares este ano. Isto representa um lucro líquido de 11,09 dólares por passageiro embarcado, o que representa uma melhoria acentuada em relação a apenas 2 anos antes. As margens líquidas de 4,3% continuam a ser baixas, mas são as melhores desde o final da década de 1990. Esta melhoria foi impulsionada pela consolidação, que ajudou a aumentar os factores de carga (passageiros + carga) para 64% este ano, e pelos serviços auxiliares, que ajudaram a compensar as tarifas fracas, fazendo descer os factores de carga de equilíbrio para 60%. Os factores de carga de equilíbrio são mais elevados na Europa, devido a uma combinação de baixos rendimentos devido a uma área de aviação aberta altamente competitiva e a elevados custos regulamentares. Consequentemente, e apesar de o sector na região atingir as segundas taxas de ocupação mais elevadas, o desempenho financeiro tem sido fraco. Os lucros líquidos de 2,8 mil milhões de dólares este ano representam apenas 3,23 dólares por passageiro e uma margem de 1,3%. As companhias aéreas da Ásia-Pacífico estão a ter um desempenho pouco melhor do que as da Europa. O lucro por passageiro é um pouco mais baixo, com 2,98 dólares, mas os mercados de carga moderadamente mais fortes, particularmente importantes nesta região industrial, ajudam a aumentar moderadamente as margens líquidas para 1,6% e os lucros líquidos para 3,2 mil milhões de dólares. As companhias aéreas do Médio Oriente têm uma das taxas de ocupação mais baixas. Os rendimentos médios são baixos, mas os custos unitários são ainda mais baixos, em parte devido ao forte crescimento da capacidade; 13% este ano. Prevê-se que os lucros após impostos aumentem para 1,6 mil milhões de dólares este ano, o que representa um lucro de 8,98 dólares por passageiro e uma margem líquida de 2,6%. As companhias aéreas latino-americanas enfrentaram um ambiente misto, com os fracos mercados nacionais a prejudicarem o desempenho, mas um certo grau de consolidação e algum sucesso no longo curso estão a impulsionar o lucro líquido acima de mil milhões de dólares este ano, o que representa 4,21 dólares por passageiro e uma margem de 3%. África é a região mais fraca, nos últimos 2 anos. Os lucros são pouco positivos e representam apenas 1,64 dólares por passageiro. Os factores de carga de equilíbrio são relativamente baixos, uma vez que os rendimentos são um pouco mais elevados do que a média, mas os custos também são mais baixos. No entanto, poucas companhias aéreas da região conseguem atingir taxas de ocupação adequadas, que são as mais baixas em quase 5% pontos. O desempenho está a melhorar, mas lentamente.

Relação positiva entre CSER e desempenho financeiro

O estudo de Sutherland (2010) revela que não existem muitos estudos disponíveis que mostrem uma relação entre as actividades de RSE e o desempenho financeiro. A investigação levada a cabo por Selvaraj et al., (2012), mostra que o desempenho financeiro é um fator, mas não o único, que tem influência nas actividades de RSE. Cocharan e Wood (1984) concluíram que, nos grupos industriais, a idade dos activos, enquanto variável financeira, é a mais fortemente correlacionada com a RSE, ou seja, as empresas com activos mais antigos têm classificações de RSE mais baixas. No entanto, a exclusão da variável financeira resulta numa falsa correlação entre o desempenho financeiro e a RSE. Do mesmo modo, um estudo recente realizado por Tsoutsoura mostra resultados positivos e estatisticamente significativos de que a RSE e o desempenho financeiro estão inter-relacionados, "o desempenho empresarial socialmente responsável pode ser associado a uma série de benefícios finais". Waddock e Graves encontraram uma relação significativa e positiva entre um índice de desempenho social das empresas (CSP) e medidas de desempenho como a rendibilidade dos activos (ROA). Além disso, Ruf et al. concluíram que o CSP está positivamente associado ao crescimento das vendas, o que indica que é possível percecionar benefícios a curto prazo decorrentes da melhoria do CSP. Cespedes-Lorente et al. concluem que é mais provável que as empresas adoptem práticas de proteção ambiental quando estas têm um impacto positivo no desempenho financeiro e salientam que a relação é mais forte no caso de uma gestão ambiental tácita do que explícita, o que sugere que algumas empresas pensam que existe um limiar de rendibilidade para as actividades ambientais. Nestes casos, as actividades ambientais são também conhecidas como actividades "win-win" (ibid). A gestão ambiental explícita é explicada como prática ambiental, que pode ser uma resposta a preocupações ambientais genuínas, enquanto a gestão ambiental tácita significa que as actividades ambientais não se baseiam necessariamente em preocupações ambientais genuínas (ibid). Ambec e Lanoie colocaram a questão de saber se havia algum lucro para as empresas em serem "verdes", ou seja, sustentáveis do ponto de vista ambiental. No seu artigo, concluem que, não obstante a preocupação de uma empresa com o ambiente, esta terá ainda várias oportunidades para aumentar as receitas ou reduzir os custos (ibid).

Relação negativa/nula entre CSER e desempenho financeiro

Sutherland (2010) comparou dois grupos de empresas, um grupo que praticava actividades de RSE (ou seja, que eram legais, éticas e discricionárias), enquanto o outro grupo se concentrava apenas no desempenho económico. No entanto, não conseguiram encontrar uma relação positiva entre os efeitos da responsabilidade social e o desempenho financeiro. Além disso, Abbott e Monsen efectuaram uma análise de conteúdo das empresas da Fortune 500 para desenvolver uma escala de divulgação do envolvimento social, mas não encontraram qualquer efeito da RSE no desempenho das empresas. McWilliams e Siegel, realizaram uma investigação sobre diferentes modelos, identificando uma relação negativa entre a RSE e o desempenho financeiro das empresas.

Responsabilidade social das empresas

De acordo com o estudo de Vergara (2015), a responsabilidade social das empresas refere-se a iniciativas voluntárias adoptadas pela comunidade empresarial para agir de forma responsável em relação a todas as partes interessadas. Segundo Vergara, as empresas podem abordar as questões de responsabilidade social de uma forma mais eficiente e produtiva se permitirem que sejam elas próprias a fazê-lo e não os ditames dos regulamentos governamentais. Acrescentou ainda que as acções voluntárias das empresas podem assumir a forma de códigos de conduta ou códigos de ética, em que a empresa declara abertamente quais os códigos éticos e morais que irá respeitar.

As empresas são inseparáveis da sociedade. Atualmente, a responsabilidade das empresas não se limita ao fornecimento de produtos e serviços; devem também cuidar do bem-estar das várias partes interessadas da sociedade. (Chen, 2015)

A responsabilidade social das empresas (RSE) desempenha um papel importante na formação das estratégias das companhias aéreas devido às caraterísticas únicas do sector. Embora muitos estudos tenham explorado o sector das companhias aéreas, poucos se centraram nas actividades de RSE deste sector. (Chang, 2015)

A indústria aeronáutica desempenha um papel importante no sector do turismo, incentivando assim a indústria aeronáutica a corresponder às elevadas expectativas no que diz respeito às práticas de RSE. Uma companhia aérea média publica relatórios de sustentabilidade da RSE ou relatórios de desenvolvimento sustentável para refletir sobre as suas contribuições económicas, ambientais e sociais, juntamente com as numerosas questões sustentáveis (Hsu, 2015).

Avaliação ambiental da IATA

O Programa de Avaliação Ambiental da IATA (lEnvA) é um sistema de gestão e avaliação ambiental concebido para avaliar e melhorar de forma independente o desempenho ambiental de uma companhia aérea. O lEnvA é um programa voluntário baseado nos princípios fundamentais de conformidade com as obrigações ambientais e um compromisso com a melhoria contínua da gestão ambiental. A adoção dos procedimentos normalizados da lEnvA e das práticas recomendadas permite que uma companhia aérea concentre os seus recursos na melhoria do seu desempenho ambiental, em vez de desenvolver um Sistema de Gestão Ambiental (EMS) de raiz.

Vantagens para as companhias aéreas

Seguem-se as vantagens para as companhias aéreas ao terem em consideração as diretrizes estabelecidas pelo programa lEnvA.

- Programa de avaliação ambiental de qualidade sob a direção da IATA, baseado nos programas bem sucedidos de Auditoria de Segurança Operacional da IATA (IOSA) e Auditoria de Segurança da IATA para Operações em Terra (ISAGO)

- Um programa dinâmico com atualização contínua das normas para refletir a revisão regulamentar e as melhores práticas ambientais, supervisionado por um grupo consultivo de 14 companhias aéreas

- Avaliações independentes efectuadas por Organizações de Avaliação Ambiental (OAA) acreditadas, maximizando a utilização de ferramentas em linha e o intercâmbio de dados

- Redução do risco de cumprimento da regulamentação, aumento dos benefícios financeiros decorrentes da poupança de recursos e demonstração de boa governação ambiental

- A abordagem de implementação em duas fases, baseada nas actividades principais das companhias aéreas, nomeadamente operações de voo e actividades empresariais, permite o reconhecimento precoce dos resultados da gestão ambiental

- Compatível com outros sistemas EMS (por exemplo, ISO 14001) com um âmbito expansível para módulos adicionais, incluindo Manutenção, Reparação e Revisão (MRO) e Operações em Terra (GO)

Abordagem por fases

A lEnvA reconhece que as companhias aéreas têm diferentes capacidades e experiências de gestão ambiental e a adoção de uma abordagem de implementação faseada permite uma maior participação das companhias aéreas. As companhias aéreas podem implementar o programa lenvA de forma faseada, sendo reconhecidas como Operadoras da Fase 1 ou da Fase 2.

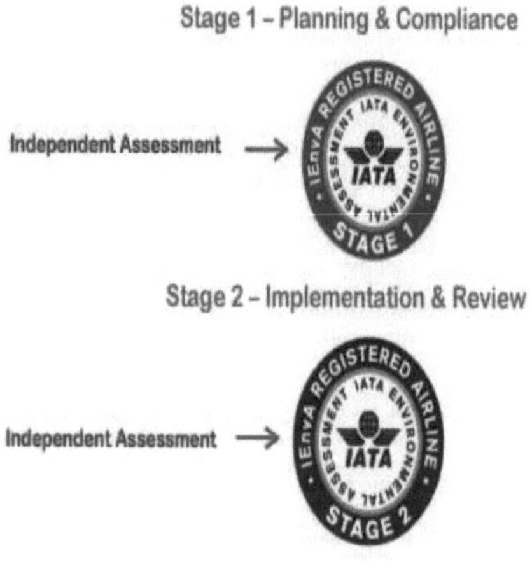

Figura 1. Abordagem faseada do IEnvA

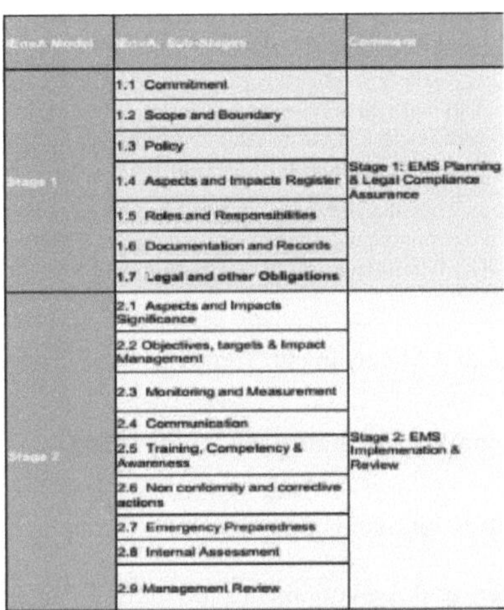

Figura 2. Programa EMS da IATA para companhias aéreas

Tendências da gestão ambiental das companhias aéreas na Europa

Segundo o estudo de investigação de Vergara (2015), poucas companhias aéreas da UE (quadro 1) dispõem de um SGA formal e as que o têm tendem a ser as maiores. A certificação ISO e EMAS ainda não parece ser extensa entre as companhias aéreas. No entanto, os sistemas de gestão ambiental estão integrados nos processos empresariais de muitas companhias aéreas, por exemplo, a British airways e a SAS confirmam o seu empenhamento nos princípios da norma ISO 14001 e utilizaram-nos no desenvolvimento da sua gestão ambiental.

Quadro 1 Registo formal na norma ISO 14001

Companhia aérea	Estado de certificação
Air France	ISO 14001 - Pedido de registo (engenharia e manutenção).
Alitalia	ISO 14001 - Tenciona aplicar-se em 2002 (engenharia/carga).
British Airways	ISO 14001 - Utilizar a norma ISO 14001 como orientação.
Falcon Air	ISO 14001 (primeira companhia aérea do mundo certificada de acordo com a ISO 14001) e ISO 9001 para todas as operações.
Finnair	ISO 14001 - Possui SGA baseado na ISO 14001
Ibéria	ISO 14001 - Sistemas EMS conformes com a norma ISO 14001 em certos aeroportos. Aprovou um sistema de gestão da qualidade para os principais aeroportos nacionais, em conformidade com a norma ISO 9000. A Azkar (empresa de transportes ao serviço da Iberia) possui a certificação ISO 9002 e candidatou-se à certificação ISO 14001.
KLM	ISO 14001 - SGA certificado segundo a norma ISO 14001 para toda a organização.

Lufthansa	ISO 14001/EMAS
	A Lufthansa Technik recebeu a certificação ISO 14001 em 1999. A certificação da Lufthansa Cityline está prevista para a norma ISO 14001. A Lufthansa City Line recebeu o certificado EMAS em janeiro de 2000. A Lufthansa Technik foi revalidada de acordo com os requisitos do EMAS em 1999.
SAS	ISO 14001 - Trabalho ambiental efectuado como parte da gestão da qualidade total. O objetivo é continuar a desenvolver o sistema de gestão ambiental de modo a que as normas ISO 14001 sejam incorporadas como requisitos mínimos em áreas específicas.

Fonte: Airline Environmental Managament Trends in the Europe por Ruzica Skurla, & V. Kolar

Organização Internacional de Normalização (ISO) 14000

A International Organization for Standardization (ISO) é uma federação mundial fundada em 1946 para promover o desenvolvimento de normas internacionais de fabrico, comércio e comunicação. A ISO é composta por organismos membros de 119 países. O American National Standards Institute (ANSI) é o representante da ISO nos Estados Unidos.

A série de normas ISO 14000 surgiu do compromisso da ISO em apoiar o objetivo de "desenvolvimento sustentável" discutido na Conferência das Nações Unidas sobre Ambiente e Desenvolvimento, no Rio de Janeiro, em 1992. Logo após a Cimeira do Rio, em 1993, a ISO lançou o novo comité técnico, ISO/TC 207, que desenvolveu uma série de normas ambientais internacionais.

O seu âmbito oficial é a normalização no domínio das ferramentas e sistemas de gestão ambiental. O TC207 realizou a sua primeira sessão plenária em Toronto, Canadá, em junho de 1993, e reúne-se anualmente para analisar o progresso dos seus subcomités no desenvolvimento de normas da série ISO 14000. A ISO recebe contributos do governo, da indústria e de outras partes interessadas antes de desenvolver uma norma. Todas as normas desenvolvidas pela ISO são voluntárias. No entanto, os países e as indústrias adoptam as normas ISO como requisitos para a realização de negócios. (Vergara, 2015).

A ISO 14000 é uma série de normas genéricas voluntárias desenvolvidas/em desenvolvimento pela ISO que fornece à gestão empresarial a estrutura para gerir os impactos ambientais. As normas incluem uma vasta gama de disciplinas de gestão ambiental, incluindo o sistema básico de gestão, a auditoria, a avaliação do desempenho, a rotulagem e a avaliação do ciclo de vida. A família ISO 14000 pode ser classificada em sete grandes grupos, como se mostra no quadro 2.

Quadro 2

A família de normas ISO 14000

GROUP	STANDARDS	
Environmental Management Systems	ISO	14001
	ISO	14004
	ISO/TR	14061
	ISO	14063
Environmental Auditing	ISO	14010
	ISO	14011
	ISO	14012
	ISO	14015
	ISO	19011
Environmental labeling	ISO	14020
	ISO	14021
	ISO	14024
	ISO/TR	14025
Environmental Performance Evaluation	ISO	14031
	ISO/TR	14032
Life Cycle Assessment	ISO	14040
	ISO	14041
	ISO	14042
	ISO	14043
	ISO/TR	14047
	ISO/TS	14048
	ISO/TR	14049
Environmental Management Vocabulary	ISO	14050
Environmental Aspects in Product Standards	ISO/TR	14062
	ISO	14064
	ISO	Guide 64

Fonte: Práticas ecológicas de restaurantes de serviço rápido selecionados em Cavite, por R. Vergara

Todas as normas, exceto a ISO14001, são normas de orientação. Isto significa que são documentos descritivos em vez de requisitos de perspetiva. Qualquer tipo de organização pode registar-se na ISO 14001, a norma de especificação que constitui um modelo para um sistema de gestão ambiental. De acordo com Chan (2006), as organizações podem obter a certificação adoptando a norma ISO 14001. Esta norma não é apenas aplicável às indústrias técnicas e transformadoras, mas também aos sectores dos serviços, como a hotelaria, os cuidados de saúde, os transportes, as telecomunicações e os organismos locais.

As principais caraterísticas da norma ISO14001 destacadas por Lakshmi (2002), Ann, Zailani e Wahid (2006), Chang e Wong (2006) e Arimura et al. (2008) no estudo de Vergara, 2015, são as seguintes

- Trata-se de uma norma voluntária que não exige qualquer obrigação legal

- Segue o ciclo PDCA (Planear, Fazer, Verificar e Agir).

- O principal objetivo é a melhoria contínua do desempenho ambiental.

- Ajuda a empresa a concentrar-se mais na prevenção da poluição e na conservação dos recursos.

- A empresa está fortemente empenhada no cumprimento da legislação ambiental.

- Foi concebido para ser flexível e pode ser aplicado aos sectores público e privado.

- Permite às organizações alcançar a gestão ambientalA

A norma ISO 14001:2004 estabelece os critérios para um sistema de gestão ambiental e também pode ser certificada. Não estabelece requisitos para o desempenho ambiental, mas traça um quadro que uma empresa ou organização pode seguir para criar um sistema de gestão ambiental eficaz. Pode ser utilizada por qualquer organização, independentemente da sua atividade ou sector. A utilização da norma ISO 14001:2004 pode garantir à gestão e aos funcionários da empresa, bem como às partes interessadas externas, que o impacto ambiental está a ser medido e melhorado.

O modelo de sistema de gestão ambiental adotado pela norma ISO 14001: 20014 é apresentado na figura 3.

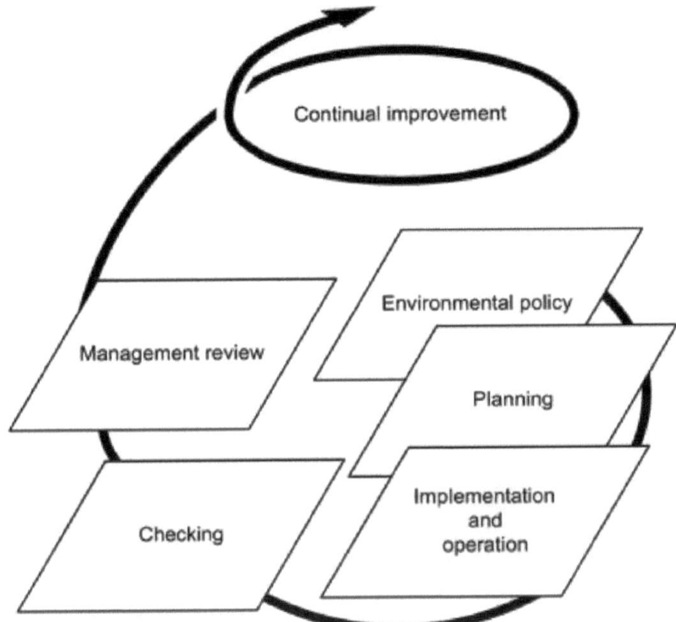

Figura 3 . Modelo de sistema de gestão ambiental

O modelo de sistema de gestão ambiental é estruturado em pormenor (Sistemas de gestão

ambiental - Requisitos com orientações para a utilização (ISO 14001:2004)

- **Requisitos gerais**

- **Política ambiental**

- **Planeamento**

o Aspectos ambientais

o Requisitos legais e outros

o Objectivos, metas e programas

- **Implementação e funcionamento**

o Recursos, funções, responsabilidade e autoridade

o Competência, formação e sensibilização

o Comunicação

o Documentação

o Controlo dos documentos

o Controlo operacional

o Preparação e resposta a emergências

- **Controlo**

o Controlo e medição

o Avaliação do cumprimento

o Não-conformidade, ação corretiva e ação preventiva

o Controlo dos registos

o Auditoria interna

- **Revisão da gestão**

Política Ambiental: A Política Ambiental é a declaração documentada do compromisso da gestão de topo e é um roteiro para melhorar o desempenho ambiental das empresas da organização. Esta política define as intenções gerais do sistema de gestão ambiental da organização e contém um compromisso de melhoria contínua e de prevenção da poluição, bem como um compromisso de seguir os regulamentos, normas, diretrizes e códigos de práticas aplicáveis. Planeamento: O conteúdo do planeamento

- identificação dos aspectos ambientais da organização e determinação dos aspectos que têm, ou podem ter, um impacte significativo no ambiente,

- identificação dos requisitos legais e outros requisitos relevantes que se aplicam aos aspectos ambientais identificados,

- desenvolvimento dos objectivos e metas ambientais, que devem ser documentados e comunicados a toda a organização e

* estabelecimento de programa(s) para atingir objectivos e metas.

Implementação e funcionamento:

* definição e comunicação de funções, responsabilidades e autoridades,

* formação dos trabalhadores cujo trabalho possa ter um impacto significativo no ambiente, comunicação da política ambiental, dos objectivos e metas e de outros elementos do sistema de gestão ambiental aos trabalhadores e contratantes, bem como estabelecimento de um procedimento para tratar os pedidos de informação ambiental das partes interessadas,

* identificar e descrever os elementos fundamentais do sistema de gestão ambiental,

* controlo dos documentos e procedimentos do sistema de gestão ambiental,

* manutenção de procedimentos documentados para controlar as operações susceptíveis de ter impacto no ambiente e

* estabelecimento de um plano eficaz de preparação e resposta a emergências.

Controlo

* monitorização e medição das principais caraterísticas das operações e actividades da organização que podem ter um impacto significativo no ambiente,

* tratar eficazmente os casos de não conformidade detectados no sistema de gestão ambiental, incluindo as medidas a tomar para atenuar o impacto causado, e iniciar acções corretivas e preventivas,

* Identificação e manutenção de registos ambientais e

* realização periódica de auditorias ambientais.

Análise da gestão A gestão de topo analisa periodicamente o sistema de gestão ambiental, a fim de assegurar que o sistema está a funcionar eficazmente. Esta análise proporciona decisões e acções relacionadas com possíveis alterações à política ambiental, objectivos, metas e outros elementos do sistema de gestão ambiental, consistentes com o compromisso de melhoria contínua.

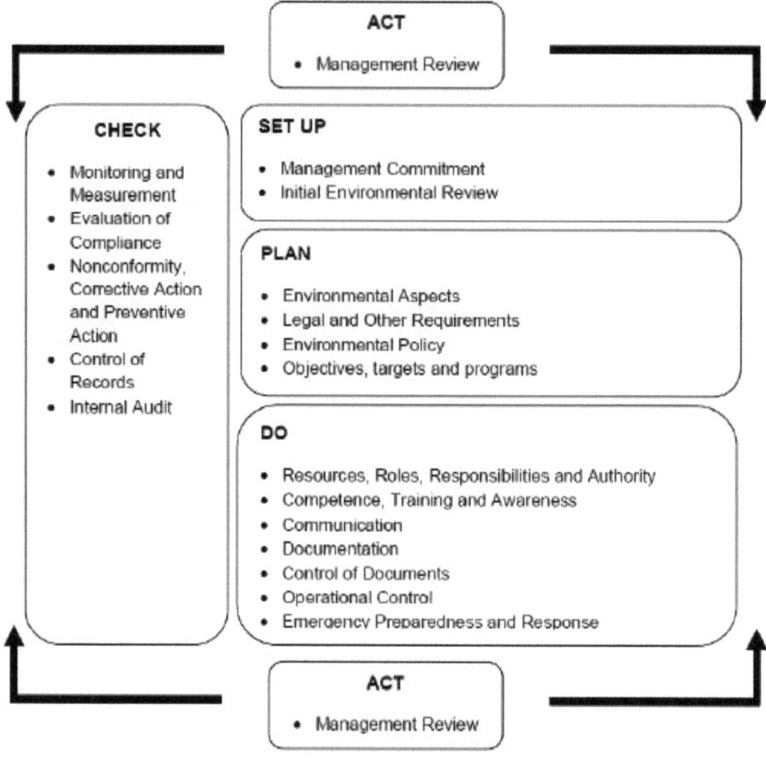

Figura 3. Padrão ISO 14001

A ISO14001 baseia-se em cinco princípios fundamentais, que incluem a política ambiental, o planeamento, a implementação e a operação, a verificação e a ação corretiva e a análise pela gestão. Os benefícios da utilização da norma ISO 14001:2004 podem incluir: redução do custo da gestão de resíduos, poupança no consumo de energia e materiais, redução dos custos de distribuição e melhoria da imagem da empresa junto das entidades reguladoras, dos clientes e do público.

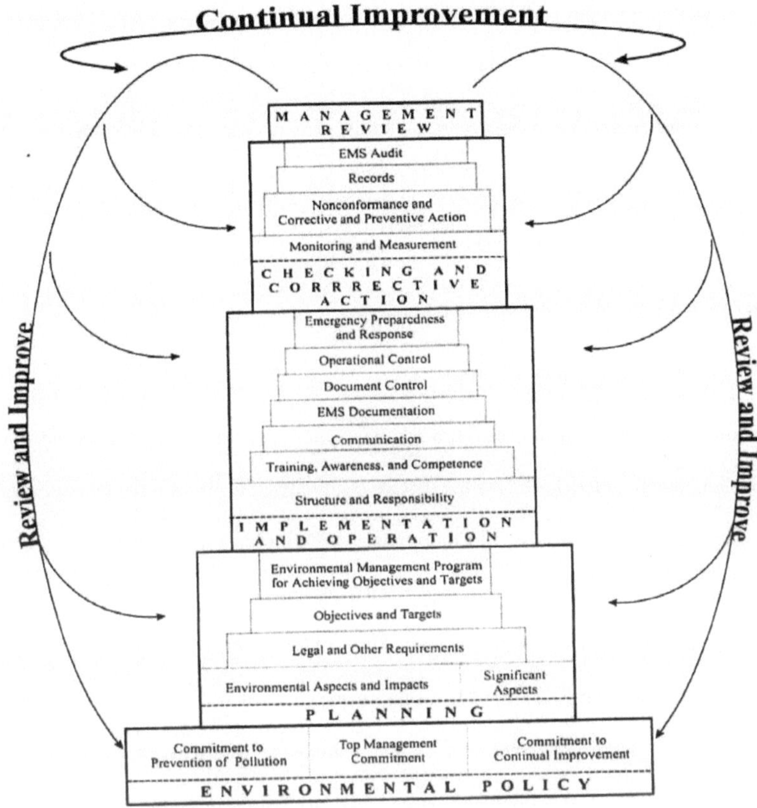

Figura 4. Elementos-chave e subelementos da ISO 14001

Política ambiental

Vergara (2015) afirma no seu livro de investigação Manual de Implementação da ISO 14001 que um sistema de gestão ambiental (SGA) bem estruturado assenta numa política ambiental forte, definida pela direção de topo. Há certos requisitos que a política ambiental deve cumprir, incluindo os seguintes:

• Deve ser adequado à natureza, escala e impactos ambientais das actividades, produtos e serviços da organização.

• Deve incluir um compromisso de melhoria contínua e de prevenção da poluição.

- Deve incluir o compromisso de cumprir a legislação e os regulamentos ambientais relevantes e outros requisitos (voluntários) que a organização subscreva.

- Deve proporcionar um quadro para a definição e revisão dos objectivos e metas ambientais.

- Deve ser documentado, implementado e mantido.

- Deve ser comunicada a todos os trabalhadores.

- Deve estar disponível para o público.

Além disso, identificaram objectivos a ter em conta na definição ou revisão de uma política ambiental. Estes objectivos incluem os seguintes: a) Compromisso de minimizar a utilização de matérias-primas, b) Compromisso de minimizar as libertações para o ar, água e terra, c) Compromisso de cumprir todas as leis e regulamentos aplicáveis, d) Compromisso de reutilizar, reduzir e reciclar, e) Compromisso de utilizar produtos reciclados e fontes de energia renováveis, sempre que possível, e) Compromisso de gestão de produtos, f) Compromisso de salvaguardar o ambiente para as gerações futuras, g) compromisso com o desenvolvimento sustentável, h) compromisso de tomar medidas corretivas, i) compromisso de ser um vizinho responsável, i) compromisso de promover a abertura e o diálogo com os trabalhadores e o público sobre questões e preocupações ambientais, j) compromisso de melhorar continuamente o sistema de gestão ambiental e/ou o desempenho ambiental, k) compromisso de efetuar auto-avaliações da conformidade e/ou do desempenho ambiental.

Planeamento

De acordo com o estudo de Vergara (2015), o processo de planeamento começa com a identificação dos aspectos ambientais e, posteriormente, dos aspectos ambientais significativos. O termo aspeto ambiental é definido como um elemento das actividades, produtos e serviços de uma organização que pode interagir com o ambiente. Um impacto ambiental é definido como qualquer alteração do ambiente, adversa ou benéfica, total ou parcialmente resultante das actividades, produtos ou serviços de uma organização.

Identificaram vários itens que servirão de critérios que podem ser utilizados para determinar os aspectos ambientais significativos. Estes critérios incluem: a) tem um impacto ambiental significativo com base na frequência e/ou gravidade, b) está abrangido pela legislação ou regulamentação, c) está abrangido pelos requisitos internos da organização, c) tem potencial para prejudicar a saúde humana e/ou o ambiente, d) preocupa os clientes e/ou a comunidade, e) tem um efeito prejudicial ou benéfico na beleza natural da paisagem, f) tem potencial para afetar o clima, g) causa o esgotamento dos recursos naturais, g) está abrangido pela política ambiental da organização.

Para além da identificação dos aspectos ambientais significativos, foram identificadas outras considerações por Woodside et al. (1998). Estas incluem requisitos legais e outros. Embora o rigor e a profundidade dos requisitos legais relativos ao ambiente variem de país para país, a maior parte dos países desenvolvidos possui esquemas regulamentares maduros. Os países em desenvolvimento têm regimes regulamentares menos maduros, mas têm a vantagem de poderem rever os regulamentos existentes para os incorporarem nos seus. O quadro seguinte apresenta algumas das questões ambientais abordadas pela regulamentação dos países desenvolvidos.

Quadro 2

Exemplos de questões ambientais abordadas por regulamentos em países desenvolvidos

Proteção do ambiente
* Ar
* Vias navegáveis e oceanos
* Terreno e paisagem
Proteção da flora e da fauna
* Florestas
* Natureza selvagem

* Pescas
* Espécies ameaçadas de extinção
* Mamíferos marinhos
* Zonas húmidas
Questões de gestão ambiental
* Substâncias tóxicas
* Resíduos perigosos
* Prevenção da poluição
* Energia
Questões de comunicação e planeamento
* Informações de perigo
* Planeamento energético
* Responsabilidade ambiental

A ISO 14001 exige que uma organização estabeleça e mantenha objectivos e metas documentados. Os elementos a considerar ao estabelecer estes objectivos e metas incluem:

- Requisitos legais relevantes e outros requisitos que a organização subscreve

- Aspectos ambientais significativos das actividades, produtos e serviços da organização

- Opções tecnológicas disponíveis para a organização

- Os requisitos financeiros, operacionais e comerciais da organização

- Os pontos de vista das partes interessadas

Depois de a organização definir os seus objectivos e metas ambientais, a norma ISO 14001 exige que a organização estabeleça e mantenha um programa de gestão ambiental para os atingir. O programa deve incluir o "quem, quando e como", em que devem ser definidos os seguintes elementos: a) designação da responsabilidade pela concretização dos objectivos e metas em cada função e nível relevante da organização, b) prazo para a sua concretização, c) meios para a sua concretização.

Implementação e funcionamento

A norma ISO 14001 é flexível na sua abordagem ao identificar os requisitos de estrutura e responsabilidade. Os requisitos relativos à estrutura e à responsabilidade foram definidos na norma ISO 14001. Estes incluem: a) as funções, responsabilidades e autoridades devem ser definidas, documentadas e comunicadas, b) a gestão deve fornecer os recursos essenciais para a implementação e controlo do SGA, c) os recursos devem incluir recursos humanos e competências especializadas, tecnologia e recursos financeiros, d) a gestão de topo deve nomear representantes para estabelecer, implementar e manter o SGA, e) a gestão de topo deve nomear representantes para lhes comunicar o desempenho do SGA para análise e como base para melhorias.

A formação do pessoal relevante é essencial para o correto funcionamento do sistema de gestão ambiental (SGA). Uma vez que a formação depende das actividades, produtos e serviços da organização, esta deve identificar as necessidades de formação. A norma ISO 14001 exige que todo o pessoal cujo trabalho possa afetar o ambiente receba formação adequada. Além disso, a organização deve estabelecer e manter procedimentos para que os funcionários ou membros de cada nível relevante estejam cientes:

• Importância da conformidade com a política e os procedimentos ambientais e com os requisitos do SGA

• Impactos ambientais significativos, reais ou potenciais, das suas actividades profissionais e benefícios ambientais de um melhor desempenho pessoal.

• Papéis e responsabilidades na obtenção da conformidade com a política e os procedimentos ambientais e com os requisitos do sistema de gestão ambiental, incluindo os requisitos de preparação e resposta a emergências.

• Potenciais consequências do incumprimento dos procedimentos operacionais especificados.

A comunicação - especialmente a comunicação interna - é um dos elementos mais importantes do sistema de gestão ambiental. A norma ISO 14001 exige que as organizações estabeleçam e mantenham procedimentos de comunicação interna e externa sobre os aspectos ambientais significativos e o SGA. Woodside et al. (1998) sugeriram alguns métodos de comunicação sobre os aspectos ambientais e o SGA. Os métodos de comunicação interna incluem: a) reuniões, b) boletins informativos, c) página Web interna, d) relatórios internos periódicos, e) um número de telefone interno publicitado para fornecer informações sobre o SGA e/ou para permitir feedback ou recomendações de melhorias. Por outro lado, os métodos de comunicação externa incluem: a) relatórios externos de desempenho ambiental, b) comunicação através de relatórios aos acionistas, c) linha direta de comunicações externas, d) página Web externa, e) apresentações em reuniões da indústria e/ou governamentais sobre o SGA e o desempenho ambiental da organização.

Os requisitos para a documentação do Sistema de Gestão Ambiental mencionados em Vergara, (2015) parecem enganadoramente simples. Na sua essência, a norma exige que a organização estabeleça e mantenha informações que descrevam os elementos essenciais do SGA e a sua interação, e que forneça orientações para a documentação relacionada. A norma enumera alguns exemplos do que pode constituir os elementos essenciais do SGA e os documentos que interagem com estes. Os documentos que podem ser considerados elementos essenciais do SGA incluem: a) política ambiental, b) manual do SGA, c) procedimentos ou instruções de nível superior, d) diretivas da gestão de topo que definem os principais requisitos do SGA. Os documentos que podem interagir com os elementos principais incluem: a) procedimentos operacionais do departamento, b) calendário de calibração do equipamento principal, c) formulários de inspeção controlados, d) formulários de relatórios controlados, e) manuais de orientação.

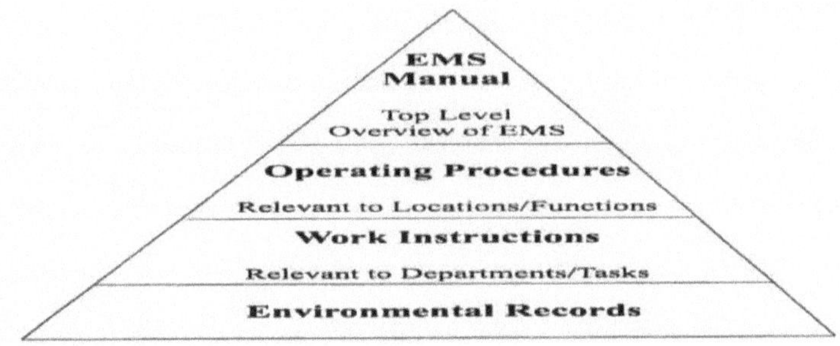

Figura 5. Pirâmide de documentação do sistema de gestão ambiental

De acordo com a norma ISO 14001, os documentos são diferentes dos registos, pelo que são controlados de forma diferente. Os documentos são procedimentos, manuais, formulários e outra documentação utilizada para demonstrar as actividades planeadas actuais. Os registos, por outro lado, mostram evidências de que um evento ou atividade ocorreu. Os exemplos incluem memorandos, formulários preenchidos, actas de reuniões e materiais de apresentação. Uma vez identificados os elementos centrais do SGA, juntamente com os documentos que interagem com ele, estes documentos devem ser controlados. A norma exige que a organização estabeleça e mantenha procedimentos para assegurar o seguinte:

- Os documentos podem ser localizados

- Os documentos são periodicamente analisados, revistos, se necessário, e aprovados quanto à sua adequação por pessoal autorizado.

- As versões actuais dos documentos estão disponíveis sempre que necessário.

- Os documentos obsoletos são prontamente removidos ou protegidos de qualquer outra forma contra uma utilização não intencional.

- Os documentos obsoletos conservados para fins jurídicos e/ou de preservação do conhecimento são devidamente identificados

- São estabelecidas responsabilidades relativamente à criação e alteração dos vários tipos de documentos.

O controlo operacional envolve todos os trabalhadores cujas funções têm o potencial de causar um impacto significativo no ambiente. Como tal, os trabalhadores desempenham um papel fundamental no bom funcionamento do sistema de gestão ambiental referido no estudo de Vergara, 2015. A secção 4.4.2 da norma ISO 14001 exige que os trabalhadores estejam conscientes dos impactos ambientais das suas acções e dos potenciais impactos decorrentes do desvio dos procedimentos estabelecidos. O primeiro requisito desta secção é que a organização identifique as operações e actividades - incluindo a manutenção - associadas a aspectos ambientais significativos e em conformidade com a política e os objectivos e metas. Uma vez identificadas, a organização deve então assegurar que estas operações e actividades são levadas a cabo sob condições especificadas. Para tal, as organizações devem, em primeiro lugar, estabelecer e manter procedimentos documentados para cobrir situações em que a sua ausência possa conduzir a desvios da política ambiental e dos objectivos e metas. Em seguida, devem ser capazes de estipular critérios operacionais nos procedimentos. Em seguida, estabelecer e manter procedimentos relacionados com aspectos significativos identificáveis dos bens e serviços utilizados pelas organizações. Por último, comunicar os procedimentos e requisitos relevantes aos fornecedores e contratantes.

Verificação e ação corretiva

O elemento da norma ISO 14001 exige que a organização estabeleça e implemente procedimentos para monitorizar e medir, numa base regular, as principais caraterísticas das suas operações e actividades que possam ter um impacto significativo no ambiente. Em conformidade com este requisito, a organização deve registar informações para acompanhar o desempenho, o controlo operacional relevante e a conformidade com os objectivos e metas ambientais da organização.

Embora a organização deva assegurar o acompanhamento dos seus objectivos e metas ambientais, este requisito vai mais além, exigindo actividades de monitorização e medição de todas as caraterísticas-chave. Exemplos de caraterísticas-chave que podem ser incluídas num programa de monitorização e medição são apresentados na figura 5. (Vergara, 2015)

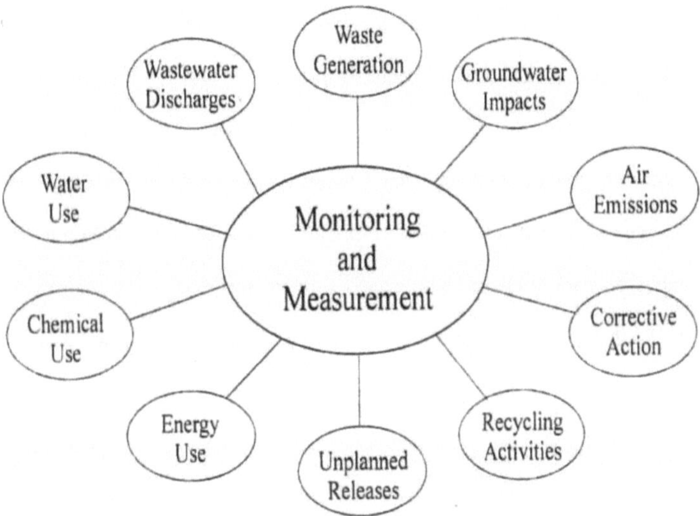

Figura 6. Exemplos de caraterísticas-chave a incluir num programa de monitorização e medição.

A norma ISO 14001 exige que a organização estabeleça e mantenha procedimentos para definir a responsabilidade e a autoridade para tratar e investigar as não conformidades, para tomar medidas para mitigar quaisquer impactos ambientais e para iniciar e concluir acções corretivas e preventivas. As medidas de correção tomadas para eliminar as causas das não conformidades devem ser adequadas à magnitude dos problemas encontrados (Vergara, 2015).

A norma define que a organização deve incluir registos de formação e os resultados da auditoria do SGA e das análises da gestão. Os registos ambientais devem ser legíveis, identificáveis e rastreáveis à atividade, produto ou serviço envolvido, facilmente recuperáveis, protegidos contra danos, deterioração ou perda e conservados de acordo com os tempos de conservação estabelecidos e registados.

O sistema de gestão ambiental (SGA) refere-se à gestão dos programas ambientais de uma organização de forma abrangente, sistemática, planeada e documentada. Inclui a estrutura organizacional, o planeamento e os recursos para desenvolver, implementar e manter a política de proteção ambiental. Mais formalmente, o SGA é "um sistema e uma base de dados que integra procedimentos e processos para a formação de pessoal, monitorização, resumo e comunicação de informações especializadas sobre o desempenho ambiental aos intervenientes internos e externos de uma empresa". O SGA é normalmente comunicado utilizando a norma ISO 14001 da Organização Internacional de Normalização para ajudar a compreender o processo do SGA. Foi concebido para aumentar a conformidade e a redução de resíduos. A conformidade é o ato de alcançar e manter padrões legais mínimos. Se não estiverem em conformidade, as empresas podem ter de pagar coimas, sofrer intervenção governamental ou não poderem operar. A redução de resíduos vai para além da conformidade, reduzindo o impacto ambiental. O SGA ajuda a desenvolver, implementar, gerir, coordenar e monitorizar as políticas ambientais. A redução de resíduos começa na fase de conceção através da prevenção da poluição e da minimização de resíduos. No final do ciclo de vida, os resíduos são reduzidos através da reciclagem.

Impactos ecológicos

Na teoria e na prática, muitas iniciativas foram concebidas para ajudar a gestão do turismo e da hotelaria a alcançar uma maior eficiência, reduzir custos, aumentar os lucros e melhorar o conforto dos hóspedes. A International Hotel and Restaurant Association (IH&RA), em conjunto com o Programa das Nações Unidas para o Ambiente (PNUA), a Conservation International, a Green Globe 21 e a International Tourism Partnership, atribui o prémio ambiental para reconhecer o trabalho notável e proactivo da hotelaria para proteger o ambiente desde 1990, que é um dos primeiros programas de prémios para promover a sensibilização ambiental entre as organizações de hotelaria (Vergara, 2015).

De acordo com Hoque et al (2013), os impactos ambientais diretos do turismo são os seguintes

• Qualidade da água (manutenção de infra-estruturas turísticas, navegação de recreio, indústria de cruzeiros)

• Qualidade do ar (a poluição vem dos automóveis, dos transportes aéreos)

• Poluição sonora (poluição causada por aviões, automóveis e autocarros)

• Resíduos sólidos e detritos (eliminação de resíduos dos navios de cruzeiro)

• Alteração e fragmentação do habitat/ecossistema (snorkeling, hélices de navios de cruzeiro, infra-estruturas turísticas como aeroportos, estradas e marinas)

• Impactos na vida selvagem (manutenção e construção de infra-estruturas turísticas, alteração dos hábitos alimentares dos animais)

• Impactos estéticos e culturais (construção de edifícios que chocam com o ambiente circundante, criando poluição arquitetónica ou visual)

• Impacto nas comunidades de passagem fora dos parques nacionais e noutras comunidades de acolhimento (desenvolvimento de actividades turísticas como restaurantes e alojamento)

• Perda de biodiversidade biológica

De acordo com Mead, B & Pringle, J. (2007), a partir do estudo de Vergara, 2015, a tarefa mais importante para uma organização ecológica é o processo de introdução e desenvolvimento de uma cultura ambiental e de acções práticas que constituem a base para o desenvolvimento de uma política ambiental e de uma estratégia global em matéria de gestão de resíduos, energia e conservação da água, qualidade da água, aquisição de produtos, qualidade do ar interior, emissões atmosféricas exteriores, ruído, bifenilos policlorados (PCB) armazenados, pesticidas e herbicidas, materiais perigosos, amianto, etc. O processo defendido é exemplar, envolvendo um compromisso do topo para a base, uma ampla comunicação e consulta, a nomeação de um coordenador e de um grupo de trabalho e a definição de um programa interno para integrar o ambientalismo na cultura do pessoal, aumentar a sensibilização, reforçar o empenhamento, prestar apoio, recompensar e reconhecer os esforços, celebrar os êxitos e tomar medidas práticas, etc.

De acordo com o estudo efectuado por Vergara, 2015, a norma ISO 14001, que é o único documento de certificação da série ISO 14000, fornece orientações para a criação de práticas ecológicas. No entanto, existe uma escassez de informações sobre as medidas ambientais efectivas implementadas na ISO 14001.

Quadro 3

Medida de redução do gás e do fuelóleo

Núcleo	Significativo	Individual
Energia e poluentes atmosféricos	**Energia e água**	**Energia e ar**
1. As portas da cozinha adjacentes às salas de jantar são mantidas fechadas	1. Ajuste o caudal e a temperatura da água para se adaptar a diferentes cozinhas	1. Utilizar o máximo de ar exterior possível para maximizar o efeito de arrefecimento livre, quando permitido pelas condições climatéricas e pela conceção do sistema de condutas
2. Exaustão da cozinha	2. Siga a temperatura e a quantidade de água especificadas pelo fabricante da máquina de lavar roupa	2. Utilizar a eficiência de combustão disponível no mercado
3. Verificação de fugas de refrigerante e água	3. O sensor de temperatura e a válvula de controlo estão instalados na máquina de limpeza a seco	3. Substituir o antigo equipamento de gás por um modelo que poupe energia.
4. Verificar a eficiência do equipamento de cozinha	*4.* Ajustar a relação ar/combustível ou o caudal de combustível	
5. Testar a caldeira ajustando o rácio de combustível	5. Verificar os registos de ar fresco	
	6. Instalação de medidores de vapor e de caudal de água calibrados	

7. Aplicar um economizador para recuperar o calor residual na caldeira		
8. Controlo de rotina do funcionamento normal da caldeira		

Quadro 4 *Medidas para a gestão dos resíduos sólidos*

Núcleo	**Significativo**	**Individual**
Reutilização	**Reutilização**	**Reutilização**
1. Doações de roupa usada	1. Distribuir sacos de pano ao pessoal em vez de sacos de plástico para o pessoal da lavandaria	1. Doação de roupa de casa de banho
2. Incentivar os fornecedores a utilizar contentores/embalagens retornáveis e recolher os contentores vazios usados	2. Doação de colchões	2. Doação de anjos do açúcar
3. Colecções de publicações externas do pessoal para leitura	3. Doação de equipamento e roupa de restaurante	**Reciclar**
Reciclar	4. Doação de sabão	1. Menus impressos em papel reciclado
1. Reciclagem de envelopes e papel	5. Campanha de reutilização de toalhas e lençóis	2. Utilizar sacos de linho para a distribuição, em substituição dos sacos de plástico.
2. Autocolante de papel para lavandaria	6. Utilização de sacos de pano para a roupa dos hóspedes	
3. Reciclagem de jornais	7. O óleo alimentar usado foi distribuído a pessoas de fora	
4. Os cartuchos de impressora são recolhidos pelos recicladores	8. Reutilização de contentores de produtos químicos	
5. Devolver o recipiente de produtos químicos ao fornecedor para reciclagem	**Reciclar**	
6. Separação do lixo	1. Reciclagem de garrafas junto do fornecedor ou dos colectores	
7. Participação dos fornecedores	2. Reciclar a água de enxaguamento para a próxima pré-lavagem	

	3. Reciclagem de latas	
	4. Embalagem de papel higiénico	

Benefícios da implementação de práticas ecológicas

Os benefícios da implementação de práticas ecológicas são os seguintes

• Melhoria contínua através de iniciativas de prevenção da poluição - A norma ISO 14001 exigia uma melhoria contínua do desempenho ambiental através da implementação de iniciativas de prevenção da poluição. Exigia que as organizações identificassem e implementassem oportunidades para reduzir as emissões e os resíduos. Na restauração, a conservação de recursos como a água e a eletricidade tem um impacto positivo imediato após a implementação.

• Melhor contenção de custos - As práticas ecológicas melhoram o controlo dos custos, incentivando a conservação dos materiais utilizados, reduzindo a utilização de energia, aumentando a produtividade, diminuindo os custos de tratamento/eliminação e promovendo a poupança de recursos. Além disso, conduzem a operações e manutenção atempadas de equipamentos e infra-estruturas que reduzem os custos ambientais.

• Reforço da moral do pessoal - Um benefício importante alcançado foi o facto de a compreensão das questões ambientais pelo pessoal o ter ajudado a assumir responsabilidades por si próprio. O pessoal apercebeu-se de que todas as suas actividades que degradam o ambiente têm um impacto direto ou indireto na sua vida quotidiana.

• Redução do risco ambiental - O risco ambiental é considerado como o maior risco oculto para muitas organizações. A realização de uma avaliação do risco ambiental como parte do processo de gestão ambiental reduziu o risco de ocorrência de eventos que poderiam ter consequências ambientais adversas.

- Melhoria da imagem pública e das relações com a comunidade

Muitas organizações estão agora a adotar práticas ecológicas e implementaram actividades como a reciclagem de água e resíduos, a conservação de água e energia e programas de gestão de resíduos (Mensah, 2009). Não são apenas as actividades realizadas pela organização que conduzirão ao sucesso das práticas ecológicas, mas também o envolvimento dos gestores e a formação adequada dos funcionários (Meade & Pringle, 2001).

Por outro lado, Mensah (2006) afirmou que as práticas ecológicas menos populares no sector hoteleiro eram a reciclagem de resíduos, a compostagem de resíduos alimentares e a utilização de energia solar como alternativa à energia eléctrica. As razões para a não adoção das práticas acima referidas prendem-se com o facto de serem dispendiosas e de as empresas não disporem da tecnologia necessária para reciclar os resíduos.

Emissões atmosféricas

A Lei da República 8749 ou Lei do Ar Limpo das Filipinas de 1999 foi aprovada em 23 de junho de 1999. Esta lei estabelece que o Estado deve proteger e promover o direito do povo a uma ecologia equilibrada e saudável, de acordo com o ritmo e a harmonia da natureza. O Estado deve promover e proteger o ambiente global para atingir um desenvolvimento sustentável, reconhecendo simultaneamente a responsabilidade primária das unidades da administração local na resolução dos problemas ambientais. O Estado reconhece que a responsabilidade pela limpeza do habitat e do ambiente se baseia principalmente na área. O Estado também reconhece o princípio de que "os poluidores devem pagar". Por último, o Estado reconhece que um ambiente limpo e saudável é para o bem de todos e deve, por conseguinte, ser uma preocupação de todos. A secção 7 desta lei estabelece que o departamento deve, no prazo de seis (6) meses após a entrada em vigor desta lei, estabelecer, com a participação de LGU, ONG, OP, o meio académico e outras entidades interessadas do sector privado, formular e implementar o Quadro Integrado de Melhoria da Qualidade do Ar para um programa abrangente de gestão e controlo da poluição atmosférica. O quadro deve, entre outros, prescrever os objectivos de redução das emissões utilizando normas admissíveis, estratégias de controlo e medidas de controlo a empreender dentro de um período de tempo especificado, incluindo a utilização eficaz em termos de custos de incentivos económicos, estratégias de gestão, ação colectiva e educação e informação ambiental. O Quadro Integrado para a Melhoria da Qualidade do Ar será adotado como o modelo oficial que todos os organismos governamentais devem respeitar para atingir e manter as normas de qualidade do ar ambiente, tal como previsto na secção 8 da presente lei. No prazo de seis (6) meses após a formulação do quadro, o Departamento deve, com a participação do público, formular e aplicar um plano de ação de controlo da qualidade do ar em conformidade com a secção 7 da presente lei. O plano de ação deve: a) incluir limitações de emissões executórias e outras medidas, meios ou técnicas de controlo, bem como calendários e prazos de cumprimento, conforme necessário ou adequado para cumprir os requisitos aplicáveis da presente lei; b) prever o estabelecimento e funcionamento de dispositivos, métodos, sistemas e procedimentos adequados necessários para monitorizar, compilar e analisar dados sobre a qualidade do ar ambiente; c) incluir um programa para assegurar o seguinte (1) aplicação das medidas descritas na alínea a); (2) regulamentação da modificação e construção de qualquer fonte estacionária dentro das áreas abrangidas pelo plano, de acordo com a política de uso do solo para garantir que os padrões de qualidade do ar ambiente sejam alcançados; d) conter disposições adequadas, coerentes com as disposições da presente lei, que proíbam qualquer fonte ou outro tipo de atividade de emissão no país de emitir poluentes atmosféricos em quantidades que contribuam significativamente para a não consecução ou que interfiram com a manutenção pelo Departamento de qualquer norma de qualidade do ar ambiente que deva ser incluída no plano de execução para evitar uma deterioração significativa da qualidade do ar ou para proteger a visibilidade; e) incluir estratégias de controlo e medidas de controlo a adotar num período de tempo especificado, incluindo a utilização eficaz em termos de custos de incentivos económicos, estratégias de gestão, acções de recolha e educação e informação ambiental;

f) designar as bacias aéreas; e g) todas as outras medidas necessárias para o controlo e a redução eficazes da poluição atmosférica (Vergara, 2015).

Gestão de resíduos sólidos

A Lei de Gestão Ecológica dos Resíduos Sólidos de 2000 (Lei da República 9003), aprovada em janeiro de 2000, foi promulgada em grande parte em resposta à crescente escassez de locais de eliminação, em especial na região metropolitana de Manila, que resultou numa crise do lixo na região. A lei dá ênfase à prevenção dos resíduos sólidos e à redução do seu volume através de medidas de redução na fonte e de minimização dos resíduos, tendo como principal objetivo a proteção da saúde pública e do ambiente. As quatro disposições da lei que interessam ao presente estudo são enumeradas a seguir.

a. A secção 20 estabelece uma taxa obrigatória de desvio de resíduos sólidos de 25% nos próximos cinco anos a nível local. Isto exigirá que cada unidade da administração local (LGU), nos próximos cinco anos, desvie anualmente, em média, 5% dos seus resíduos sólidos das instalações de eliminação de resíduos para actividades de recuperação de recursos, como a reutilização, a reciclagem e a compostagem.

b. A secção 21 exige a segregação obrigatória dos resíduos sólidos na fonte para incluir fontes domésticas, institucionais, industriais, comerciais e agrícolas. Os resíduos serão separados e devidamente assinalados como resíduos susceptíveis de compostagem, não recicláveis, recicláveis ou especiais. A separação e a recolha de resíduos biodegradáveis, passíveis de compostagem e reutilizáveis serão efectuadas ao nível do barangay, enquanto a recolha de materiais não recicláveis e de resíduos especiais será da responsabilidade do município ou da cidade.

c. O artigo 4.º (secções 26-33) e o artigo 5.º (secções 34-35) estabelecem que a criação de programas de reciclagem e compostagem, incluindo um inventário dos mercados existentes para materiais recicláveis e passíveis de compostagem, a criação de instalações de recuperação de materiais a nível local e a criação de locais de entrega de materiais recicláveis são uma obrigação. Serão desenvolvidas e impostas aos estabelecimentos industriais e comerciais normas para produtos e embalagens não aceitáveis do ponto de vista ambiental.

d. A Secção 47 confere aos LGU a autoridade para cobrar taxas de gestão de resíduos sólidos. As LGUs podem impor taxas suficientes para pagar os custos de preparação, adoção e implementação de um plano de gestão de resíduos sólidos.

Gestão de águas residuais

A Lei da República n.º 9275 foi promulgada em 22 de março de 2004. Trata-se de uma lei que prevê uma gestão global da qualidade da água e para outros fins. Esta lei é conhecida como a "Lei filipina da água limpa de 2004". A lei estabelece que o Estado deve prosseguir uma política de crescimento económico compatível com a proteção, a preservação e a recuperação da qualidade das águas doces, salobras e marinhas. Para atingir este objetivo, deve ser prosseguido o quadro do desenvolvimento sustentável. Como tal, é política do Estado:

a) Racionalizar os processos e procedimentos de prevenção, controlo e redução da poluição dos recursos hídricos do país;

b) Promover estratégias ambientais, a utilização de instrumentos económicos adequados e de mecanismos de controlo para a proteção dos recursos hídricos;

c) Formular um programa nacional holístico de gestão da qualidade da água que reconheça que as questões de gestão da qualidade da água não podem ser separadas das preocupações com as fontes de água e a proteção ecológica, o abastecimento de água, a saúde pública e a qualidade de vida;

d) Formular um quadro integrado de gestão da qualidade da água através de uma delegação adequada e de uma coordenação eficaz das funções e actividades;

e) Promover processos e produtos comerciais e industriais que sejam amigos do ambiente e eficientes do ponto de vista energético;

f) Incentivar a cooperação e a autorregulação entre os cidadãos e as indústrias através da aplicação de incentivos e de instrumentos baseados no mercado e promover o papel das empresas industriais privadas na definição do seu perfil regulamentar dentro dos limites aceitáveis da saúde pública e do ambiente;

g) Prever um programa de gestão global da poluição da água centrado na prevenção da poluição;

h) Promover a informação e educação do público e incentivar a participação de um público informado e ativo na gestão e monitorização da qualidade da água;

i) Formular e aplicar um sistema de responsabilização pelo impacto ambiental adverso a curto e longo prazo de um projeto, programa ou atividade; e

j) Incentivar a sociedade civil e outros sectores, em especial o trabalho, o meio académico e as empresas que desenvolvem actividades relacionadas com o ambiente, nos seus esforços para organizar, educar e motivar as pessoas a abordarem questões e problemas ambientais pertinentes a nível local e nacional.

A presente lei aplica-se à gestão da qualidade da água em todas as massas de água: Desde que se aplique principalmente à redução e ao controlo da poluição proveniente de fontes terrestres: Desde que, além disso, as normas e os regulamentos relativos à qualidade da água, bem como a responsabilidade civil e as disposições penais previstas na presente lei, sejam aplicados independentemente das fontes de poluição (Vergara, 2015).

Gestão de resíduos de aeroportos e companhias aéreas

O edifício do terminal é o coração de um complexo aeroportuário e normalmente tem a maior concentração de pessoas que geram mais resíduos. Os resíduos de uma companhia aérea incluem os resíduos gerados pelos aviões de passageiros, balcões de venda de bilhetes e áreas das portas de embarque. Esse lixo inclui normalmente recipientes de comida e bebida, restos de comida, jornais, revistas, etiquetas de impressão de computador e outros resíduos de papel gerados nos balcões e portas de embarque das companhias aéreas. As caraterísticas e as quantidades de resíduos gerados num voo internacional variam em função da taxa de ocupação e da duração do voo, da capacidade e da configuração do avião, do número de refeições servidas, dos atrasos no voo, das embalagens de catering, da política de recuperação da companhia aérea e dos passageiros, etc. Os voos internacionais com um serviço de bordo mais alargado geram mais resíduos do que as companhias aéreas de baixo custo, que não geram resíduos durante o voo associados ao serviço de refeições; no entanto, a maior parte dos resíduos provém de latas de bebidas, garrafas de água, copos de plástico, guardanapos, jornais e revistas (Mehta, 2015).

Os resíduos de retalho e de restauração gerados pelos estabelecimentos de restauração e pelas áreas francas incluem caixas de cartão, embalagens de papel e de plástico, invólucros de alimentos, latas de alumínio, garrafas de vidro e restos de comida eliminados nas cozinhas dos restaurantes, nas lojas, incluindo as áreas de restauração do aeroporto. Além disso, a área do edifício do terminal também gera resíduos das casas de banho e resíduos gerados pelos escritórios e pela área pública do terminal de passageiros. De todos os resíduos gerados pelos aeroportos, quase 75% são recicláveis ou compostáveis. Esses resíduos recicláveis ou compostáveis incluem produtos de papel, plásticos, alumínio, vidro e resíduos alimentares (Mehta, 2015).

Ao desenvolver o plano de gestão de resíduos, considere quem são as partes interessadas essenciais, as caraterísticas dos resíduos no seu aeroporto e as estratégias de redução de resíduos que podem ser implementadas.

Quem são as partes interessadas essenciais?

Há uma série de grupos de partes interessadas essenciais a considerar ao criar um programa de reciclagem no aeroporto. A implementação de um programa bem sucedido deve dirigir-se diretamente a cada um dos seguintes grupos, tendo em conta as necessidades individuais e os desafios de cada um ao desenvolver o programa.

Partes interessadas essenciais

• Passageiros que passam por zonas públicas, parques de estacionamento, garagens, zonas de recolha e entrega de passageiros, casas de banho, zonas de espera e praças de alimentação

• Inquilinos, tais como empresas, companhias aéreas e concessões (incluindo táxis, hotéis, carros de aluguer, cozinhas de voo e outras indústrias que operam no aeroporto)

• Empregados de companhias aéreas (incluindo pessoal de terra, pessoal de limpeza da cabina, catering)

• Funcionários de autoridades aeroportuárias, serviços governamentais, agências comerciais, etc.

• Operações de manutenção e instalações de apoio

• Contratante do aeroporto e dos seus locatários, incluindo serviços de limpeza e de assistência a aeronaves, serviços de limpeza, empresas de recolha de resíduos e empreiteiros de construção

• Gestão de resíduos sólidos urbanos ou municipais

Estratégias de redução de resíduos

A redução de resíduos minimiza os resíduos que, de outra forma, iriam parar a um aterro ou seriam eliminados de outra forma indesejável do ponto de vista ambiental. A redução de um resíduo ou de um fluxo de resíduos pode assumir diferentes formas, incluindo a reorientação dos resíduos, o reaproveitamento, a reutilização, a separação ou outros meios para diminuir o volume do fluxo de resíduos, que é analisado na sua totalidade. Tudo o que afasta o material do aterro ou de qualquer outra opção de eliminação é um passo positivo no sentido da redução.

Resíduos sólidos urbanos Geral

Os métodos de redução dos resíduos produzidos pelo aeroporto baseiam-se em requisitos contratuais. Os exemplos incluem

- Exigir que o vendedor embale ceras, produtos de limpeza e outros produtos de limpeza do aeroporto em recipientes recarregáveis que possam ser aceites de volta pelo fabricante para reutilização;

• Exigência contratual de aceitação pelo fabricante das tintas especificadas pelo aeroporto de quaisquer resíduos de tintas, que podem ser misturados em novos lotes de tintas;

• Obrigação contratual de reduzir as embalagens dos produtos comprados a granel pelo aeroporto; e

• Exigência de que as concessões utilizem pratos compostáveis, utensílios de plástico e outros artigos de utilização intensiva.

Os aeroportos adoptam uma série de medidas para reduzir os resíduos. Para reduzir o peso do lixo, os viajantes no Aeroporto Internacional de São Francisco (SFO) são convidados a esvaziar as suas garrafas de água num recipiente antes de passarem pelos pontos de controlo da Administração de Segurança dos Transportes (TSA), onde é proibido o líquido em garrafas de água potável. A água recolhida é então encaminhada para o ralo de um lavatório em vez de ser

Resíduos de companhias aéreas

De acordo com o estudo de Mehta (2015), os resíduos das companhias aéreas incluem os resíduos dos aviões de passageiros, dos balcões de emissão de bilhetes e das áreas de embarque (o NRDC não estudou os resíduos gerados pelos aviões de carga). O lixo das companhias aéreas inclui normalmente recipientes para alimentos e bebidas, alimentos não consumidos, jornais, revistas, impressões de computador e outros papéis gerados nos balcões de emissão de bilhetes. As caraterísticas e quantidades de resíduos gerados num avião variam consoante a duração do voo e a transportadora.

As transportadoras de baixo custo, como a Southwest Airlines, não utilizam serviços de catering de voo porque não oferecem refeições a bordo. Uma vez que estas transportadoras não produzem resíduos a bordo associados ao serviço de refeições, a maior parte dos seus resíduos provém de bebidas e pequenos snacks servidos pela companhia aérea e de resíduos relacionados com artigos trazidos para bordo pelos passageiros, incluindo alimentos, jornais e revistas.

Historicamente, as refeições a bordo eram fornecidas pelas grandes companhias aéreas, conhecidas no sector como "transportadoras tradicionais". No entanto, as recentes pressões financeiras sobre o sector das companhias aéreas levaram a medidas de redução de custos entre as transportadoras tradicionais, incluindo a eliminação do serviço de refeições gratuitas na maioria dos voos domésticos. Esta situação está a alterar as caraterísticas dos resíduos produzidos nos voos domésticos das transportadoras tradicionais, que passam a assemelhar-se aos resíduos produzidos pelas transportadoras de baixo custo.

As transportadoras tradicionais que operam voos internacionais, por outro lado, têm serviços de bordo mais alargados. Consequentemente, os voos internacionais geram mais resíduos.

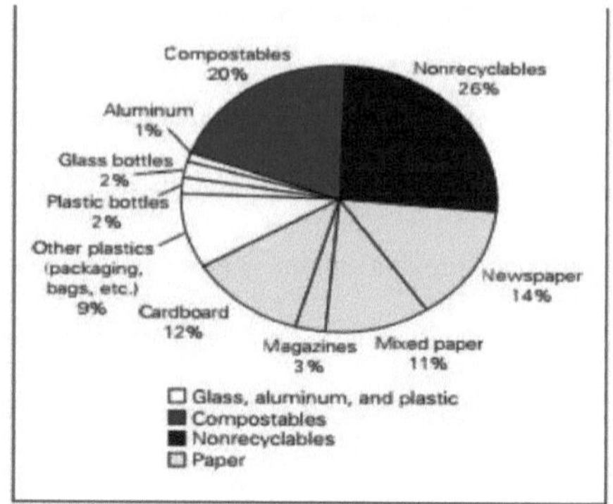

Figure 1

Figura 1. Repartição dos tipos de resíduos produzidos pelas companhias aéreas, pelos lojistas de retalho e restaurantes e nas áreas públicas dos terminais em cinco aeroportos, nos quais circulam 10% dos passageiros aéreos dos EUA. A figura indica que entre dois terços e três quartos dos materiais encontrados no fluxo de resíduos destes aeroportos não são potencialmente recicláveis ou comestíveis.

Resíduos da área pública do terminal

O edifício do terminal é o coração de um complexo aeroportuário e normalmente tem a maior concentração de pessoas que geram mais resíduos. Os resíduos de uma companhia aérea incluem os resíduos gerados pelos aviões de passageiros, balcões de venda de bilhetes e áreas das portas de embarque. Estes resíduos incluem normalmente recipientes de comida e bebida, restos de comida, jornais, revistas, impressões de computador, etiquetas e outros resíduos de papel produzidos nos balcões e portas de embarque das companhias aéreas. As caraterísticas e as quantidades de resíduos gerados num voo internacional variam em função da taxa de ocupação e da duração do voo, da capacidade e da configuração da aeronave, da duração do voo, do número de refeições servidas, dos atrasos no voo, das embalagens de catering, da política de recuperação da companhia aérea e do passageiro, etc. Os voos internacionais com um serviço de bordo mais alargado geram mais resíduos do que as companhias aéreas de baixo custo, que não geram resíduos a bordo associados ao serviço de refeições; no entanto, a maior parte dos resíduos provém de latas de bebidas, garrafas de água, copos de plástico, guardanapos, jornais e revistas. Os resíduos de retalho e de restauração gerados pelos estabelecimentos de restauração e pelas zonas francas incluem caixas de cartão, embalagens de papel e de plástico, invólucros de comida, latas de alumínio, garrafas de vidro e restos de comida eliminados nas cozinhas dos restaurantes, nas lojas e nas zonas de restauração dos aeroportos. Para além disso, a área do edifício do terminal também gera resíduos das casas de banho e resíduos gerados pelos escritórios e pela área pública do terminal de passageiros. De todos os resíduos produzidos pelos aeroportos

quase 75% dos resíduos produzidos são recicláveis ou compostáveis. Esses resíduos recicláveis ou compostáveis incluem produtos de papel, plásticos, alumínio, vidro e resíduos alimentares. Embora haja alguma semelhança entre os resíduos sólidos urbanos e os resíduos gerados nos aeroportos, muitas das caraterísticas e especificações dos resíduos são diferentes. A maioria dos aeroportos da Índia não dispõe de infra-estruturas para reciclar os resíduos produzidos nos aeroportos e nos aviões. Esses resíduos são eliminados sem segregação (os resíduos recicláveis são misturados com resíduos não recicláveis) e acabam em incineradores, onde são queimados através de um processo de combustão que liberta emissões tóxicas para a atmosfera, ou em aterros, onde os materiais ficam depositados durante muito tempo, levando à contaminação do solo e das águas subterrâneas. (Mehta, 2015).

Legislação

De acordo com o estudo de investigação efectuado por Vergara (2015), a província de Cavite diz "não aos sacos de plástico". Isto foi oficialmente materializado numa portaria provincial (Portaria Provincial 007-2012) conhecida como "A proibição selectiva de plástico e o uso da portaria de sacos ecológicos da Província de Cavite", aprovada pelo Sangguniang Panlalawigan e assinada pelo Gov. Jonvic Remulla. O Gabinete do Governo Provincial para o Ambiente e os Recursos Naturais (PG-ENRO) organizou uma carreata de sensibilização para a proibição dos sacos de plástico como forma de reforçar a campanha do governo provincial contra a utilização de sacos de plástico. Há certos tipos de sacos de plástico que são estritamente proibidos, enquanto outros (os biodegradáveis) podem ser utilizados, mas de forma regulamentada. A campanha contra os sacos de plástico também promove a utilização de sacos ecológicos como alternativa. O governo local de General Trias aprovou uma portaria que proíbe, regulamenta e prescreve determinadas utilizações de plásticos para bens e mercadorias que acabam como resíduos e promove a utilização de sacos ecológicos e outras práticas respeitadoras do ambiente como alternativa na localidade. O Presidente da Câmara, Luis "Jon-jon" Ferrer IV, referiu que a proibição dos sacos de plástico e de estiro consta do Decreto Municipal n.º 12-03. O mesmo se passa com a cidade de Trece Martirez, onde foi aplicado o decreto municipal 2011-200 ou o decreto de redução dos sacos de plástico e esferovite, que menciona especificamente que os plásticos e o esferovite só podem ser utilizados como embalagens para produtos congelados e húmidos. Os funcionários municipais estão a incentivar todos os seus eleitores a seguir o referido decreto e a utilizar materiais amigos do ambiente, como sacos de papel, sacos ecológicos ou sacos de pano pessoais, quando fazem compras no mercado e noutros locais semelhantes (Vergara, 2015).

Desafios e oportunidades

As diferenças das organizações podem ser aprendidas com a implementação do SGA. De acordo com o estudo realizado pela ICAO (2012), outro desafio comum que os inquiridos enfrentaram foi a formação adequada dos funcionários para estarem conscientes do SGA e das suas responsabilidades no que diz respeito à manutenção do sistema. A falta de empenhamento da gestão foi citada como o terceiro desafio mais comum. Outros desafios incluíram o alinhamento do SGA com a organização em geral e os requisitos de manutenção de registos durante a implementação do SGA. Os seguintes desafios de implementação são mostrados abaixo.

Top three EMS implementation challenges

EMS implementation challenges	
Resources (time, finances)	26%
Culture change	26%
Employee awareness/training	23%
Management commitment	16%

Note.— Percentages are based on 110 respondents.

Os três benefícios mais comuns da implementação do SGA são ilustrados abaixo, sendo o maior benefício o facto de melhorar a reputação e a imagem da organização e de melhorar a sua relação com as partes interessadas. Outro benefício foi a melhoria da conformidade com a regulamentação ambiental. Além disso, uma vez que o SGA é uma abordagem proactiva da gestão ambiental, o risco para a organização foi atenuado. Por último, os inquiridos referiram que a melhoria do ambiente, ou a redução do impacto da sua organização no ambiente, era outro benefício importante. Outros benefícios incluem a capacidade de acompanhar o desempenho ambiental - uma redução de custos e uma maior consciencialização e eficiência (ICAO, 2012).

**Three most frequently cited benefits
of EMS implementation**

EMS implementation benefits	
Enhance reputation/image	34%
Enhance compliance/mitigate risk	33%
Environmental improvements	25%

Note.— Percentages are based on 110 survey respondents.

De acordo com os inquiridos do sector, os benefícios da implementação do SGA superam largamente os desafios de implementação e manutenção. Cerca de 96% recomendaram que outras organizações criassem SGA. Muitos afirmaram que estariam dispostos a partilhar alguns dos seus materiais de SGA, incluindo políticas ambientais, relatórios ambientais/sustentabilidade, métricas de desempenho e objectivos e metas. No entanto, as organizações não estavam dispostas a partilhar a documentação do SGA que pode conter informações exclusivas, tais como relatórios de auditoria e manuais completos do SGA.

Síntese

Esta investigação foi uma colaboração de literatura e estudos que ajudaram a identificar as práticas ecológicas nas transportadoras de baixo custo, como a PAL Express, a Cebu Pacific e a Air Asia. As teorias, os conceitos, as políticas, as práticas e as leis abordadas neste capítulo são igualmente importantes para este estudo, uma vez que orientam o investigador para a obtenção do resultado pretendido.

A maior parte das investigações efectuadas visava conhecer as diferentes práticas ecológicas das organizações e as suas implicações para o ambiente. Algumas das investigações realizadas visavam conhecer a relação entre as actividades implementadas pela organização que visavam ser uma organização amiga do ambiente e o desempenho económico, o desempenho organizacional e a responsabilidade social das empresas. Os resultados mostraram que existia uma relação positiva entre as variáveis. Os investigadores concordaram que a implementação de práticas de gestão ecológica numa organização pode ter um impacto positivo não só no ambiente, mas também na organização. No entanto, há alguns factores que devem ser considerados na sua implementação e adoção. O empenhamento dos empregadores e dos trabalhadores na execução e implementação das práticas ecológicas iniciadas foi um dos factores que pode ser decisivo para a empresa se tornar uma empresa mais ecológica. A formação dos trabalhadores foi também uma das considerações que a organização deve ter em conta. É essencial que as organizações formem os seus colaboradores de modo a obterem um desempenho ótimo que contribua para alcançar o resultado desejado. Dispor de recursos suficientes é também considerado como um dos factores importantes a ter em conta na implementação de práticas de gestão ecológica. É essencial que a organização efectue um inventário pessoal dos recursos de que dispõe para saber se tem capacidade para adotar o conceito "go green". Também abriria o caminho para conhecer o grau de conformidade da organização com o programa "go green" (Vergara, 2015).

Este estudo não só analisou as diferentes práticas ecológicas de transportadoras aéreas de baixo custo selecionadas no país, como também analisou o grau da sua aplicação. Também procurou saber se existia uma relação entre o grau de implementação das práticas ecológicas e o perfil dos indivíduos que executam ou realizam as actividades ecológicas. . Também teve em consideração os diferentes desafios enfrentados pelos funcionários das transportadoras aéreas na execução e adoção das práticas de gestão ecológica, a forma como estas afectam o seu desempenho enquanto empresa, os custos em que incorrerão, as questões e preocupações na fase de implementação e a forma como afectam a produtividade e a eficiência das pessoas que as vão executar.

CAPÍTULO 3

METODOLOGIA

Este capítulo descreve a forma como o presente estudo foi realizado. Inclui a conceção da investigação utilizada, os participantes do estudo que são a principal fonte de dados, o local do estudo onde o inquérito foi realizado, o procedimento de recolha de dados e o tratamento estatístico dos dados.

Conceção da investigação

Foi utilizada uma conceção de investigação descritiva para avaliar a implementação de práticas de gestão ecológica nas transportadoras de baixo custo nas Filipinas, bem como os desafios impostos e as oportunidades proporcionadas pela sua adoção.

O desenho da investigação descritiva, segundo Inductivo (2013), é também conhecido como investigação estatística, onde se descrevem caraterísticas sobre a população ou o fenómeno em estudo. É um método de descoberta de factos com interpretações adequadas. É realizado para avaliar o desempenho, o resultado ou o impacto de um conjunto de variáveis noutro conjunto de variáveis. Esta conceção considera geralmente um período de tempo adequado para identificar os efeitos com precisão. O método de inquérito descritivo incide sobre as condições actuais e existentes. Trata das opiniões, percepções e atitudes de uma população escolhida. De acordo com Calderon e Gonzales (2008), uma investigação descritiva funciona como um estudo de apuramento de factos com uma interpretação adequada e precisa dos resultados. Este é o método de investigação mais adequado, uma vez que descreve a ênfase no que realmente existe, como as condições actuais, as práticas, as situações e os fenómenos.

Fontes de dados ou participantes no estudo

Os dados deste estudo foram obtidos a partir de dados primários e secundários. Os dados primários incluíram a informação recolhida através dos inquiridos por meio de um questionário. Os sujeitos do proponente foram os 338 empregados (equipas de terra, gestores e operações em terra) de transportadoras de baixo custo selecionadas nas Filipinas. Os dados secundários foram obtidos em livros, sítios Web e manuais.

Foi utilizado o método de inquérito de conceção de investigação descritiva através de um conjunto de participantes no inquérito. Este conjunto de inquiridos inclui os funcionários que trabalhavam nas operações em terra (balcões de check-in, portas de embarque, operações em terra), abrangendo o período de tempo da investigação, que vai de agosto a outubro de 2016.

Técnica de amostragem

O investigador utilizou a enumeração total com 96,57% ou 338 inquiridos dos 350 dados recolhidos, pelo que não foi utilizada qualquer técnica de amostragem. A companhia aérea A obteve 94,34% dos dados recolhidos, enquanto as outras companhias aéreas B e C obtiveram 100% dos dados recolhidos.

De acordo com Inductivo (2013), a enumeração total das fontes/participantes é geralmente a técnica de amostragem utilizada se toda a população for os participantes necessários do estudo. Se for necessária apenas uma parte ou uma parcela representativa da população, os investigadores podem optar por métodos de amostragem probabilísticos ou não probabilísticos.

Procedimento de recolha de dados

Foi elaborado um questionário de inquérito para garantir a pertinência do instrumento para o estudo. A validade e a fiabilidade foram asseguradas através do pré-teste do instrumento. O questionário de investigação foi apresentado aos peritos, aos membros do painel, ao consultor e ao estatístico para validação e fiabilidade. Foram também realizados testes de validade externa e de fiabilidade, tal como recomendado pelo estatístico. Os resultados dos testes foram analisados para verificar a validade e a fiabilidade do instrumento. Com base nos resultados, o instrumento obteve um nível muito elevado de consistência interna com um valor Alfa de Cronbach de 0,972 e 0,960, respetivamente.

Foi enviada uma carta de intenção de realizar um inquérito dirigida aos gestores das companhias aéreas às LCC participantes selecionadas (PAL Express, Cebu Pacific e Air Asia). Após a aprovação, o investigador deslocou-se aos escritórios/aeroportos das companhias aéreas para facilitar a recolha de dados. Após a recolha de todos os questionários preenchidos, foram utilizados.

Instrumento de investigação

Para atingir os objectivos do estudo, procedeu-se à recolha de dados sob a forma de um questionário. Este questionário incluía a informação básica sobre o perfil dos trabalhadores, o seu nome, idade, género, cargo e tempo de serviço na empresa. O questionário incluía também a sua perceção sobre as práticas de gestão ecológica dos CCV, os desafios e as oportunidades.

O questionário foi utilizado e entregue aos funcionários que estiveram empregados no LCC até setembro de 2016. Serviu como principal instrumento de recolha dos dados necessários.

O objetivo do estudo foi utilizado na formulação do instrumento. Com este esboço, os itens das questões foram construídos e validados. Para determinar a validade do instrumento, o investigador identificou os problemas necessários para concetualizar o objetivo.

Especificamente, o questionário é composto por três partes.

PARTE I - PERFIL DO TRABALHADOR

Inclui os dados pessoais do inquirido - nome (opcional), idade, sexo, cargo, função e posição.

PARTE II - PRÁTICAS DE GESTÃO ECOLÓGICA

Inclui as diferentes práticas de gestão ecológica das transportadoras de baixo custo e uma avaliação do grau da sua aplicação.

PARTE III - DESAFIOS E OPORTUNIDADES

Uma avaliação dos desafios enfrentados pelas companhias aéreas na implementação de práticas de gestão ecológica, bem como das oportunidades que lhes estão reservadas na adoção de práticas ecológicas. A avaliação foi respondida através da verificação dos itens que correspondem às suas respostas. O investigador forneceu uma lista de respostas possíveis que os participantes podem escolher.

O questionário de investigação foi testado e validado pelos membros do painel e por um perito do sector.

Análise de dados

Para analisar os dados referentes ao perfil dos participantes, foi utilizado o método de distribuição de frequência percentual. Para identificar as práticas de gestão ecológica observadas nas lojas e o grau da sua implementação, foi utilizada a média ponderada. O seguinte método de escala de 5 pontos foi utilizado para medir o grau de práticas ecológicas das transportadoras de baixo custo participantes.

Valor	Gama	Interpretação
5	4.20-5.00	SemprePraticado
4	3.40-4.19	Moderadamente praticado
3	2.60-3.39	Ligeiramente praticado
2	1.80-2.59	Nunca praticou
1	1.00-1.79	Não aplicável

Por outro lado, as respostas dos participantes sobre os desafios e as oportunidades também foram analisadas utilizando o seguinte método de escala de 5 pontos.

Valor	Gama	Interpretação

5	4.20-5.00	Concordo totalmente
4	3.40-4.19	De acordo
3	2.60-3.39	Neutro
2	1.80-2.59	Não concordo
1	1.00-1.79	Discordo totalmente

Tratamento estatístico

Para determinar as diferentes práticas ecológicas das transportadoras aéreas de baixo custo selecionadas nas Filipinas e o grau da sua aplicação, foi utilizada a média ponderada. Esta foi considerada a melhor medida de tendência central. Mostra o ponto da escala em que as pontuações tendem a agrupar-se. É o valor que melhor representa toda a distribuição.

A média de um conjunto de pontuações brutas é calculada da seguinte forma.

$$x = \frac{\Sigma X}{N}$$

Onde:

X= a média (lida como barra x)

Σ= a soma de

x= a pontuação bruta no conjunto de pontuações

N= o número total de pontuações no conjunto

Para conhecer os desafios que os LCC enfrentam na implementação de práticas ecológicas em termos de custos, implementação, eficiência e produtividade, bem como as oportunidades que lhes são oferecidas na adoção de práticas ecológicas, foi utilizado o método de distribuição de frequências percentuais. A distribuição de frequências foi obtida a partir das respostas dos participantes ao questionário e foi analisada através da obtenção da percentagem. Uma distribuição de frequência percentual é uma apresentação de dados que especifica a percentagem de observações que existem para cada ponto de dados ou agrupamento de pontos de dados. É um método particularmente útil para expressar a frequência relativa das respostas ao inquérito e outros dados mencionados no estudo de Vergara, 2015. Para obter a distribuição de frequência percentual, é necessário seguir esta fórmula:

$$\% = \frac{f}{N} \times 100$$

$$X^2 = \Sigma \frac{(O-E)^2}{E}$$

Onde:

$\%$ = percentagem

f = frequência

N = número total de participantes

Para testar a relação entre o perfil dos participantes e o grau de implementação das práticas verdes, o investigador utilizou o método do qui-quadrado. De acordo com Sevilla et.al., 1992, o teste do qui-quadrado ou da bondade do ajuste é utilizado para determinar se uma distribuição de frequências observada numa variável difere significativamente de uma distribuição de frequências esperada ou teórica. A fórmula para o qui-quadrado é:

Onde:

X^2 = valor do qui-quadrado

Σ = a soma

O = a frequência observada

E = a frequência esperada

CAPÍTULO 4

RESULTADOS E DEBATES

Este capítulo ilustra e explica a discussão dos problemas levantados através da apresentação de todos os dados recolhidos com base no tratamento estatístico utilizado, bem como a respectiva interpretação e análise.

1. Perfil demográfico

Os inquiridos do estudo eram empregados da assistência a passageiros de companhias aéreas selecionadas de baixo custo nas Filipinas. O perfil dos inquiridos que foi analisado no estudo inclui a idade, o sexo, o cargo e o tempo de serviço

Quadro 1

Perfil demográfico dos trabalhadores com base na idade

Idade	Frequência	Percentagem
20 e menos	62	18.3
21 a 25 anos	214	63.3
26a30 anos	45	13.3
Mais de 31 anos de idade	17	5.0
Total	338	100.0

A Tabela 1 mostra que a maioria dos participantes (63,3%) pertence à faixa etária dos 21 aos 25 anos. Sessenta e dois dos trezentos e trinta e oito pertencem à faixa etária dos 20 anos ou menos (18,3%). Quarenta e cinco dos trezentos e trinta e oito pertencem à faixa etária dos 26 aos 30 anos (13,3%) e apenas dezassete deles pertencem à faixa etária dos 31 aos 35 anos, o que equivale a 5,0% da amostra total.

De acordo com o inquérito efectuado pela Autoridade Estatística das Filipinas em julho de 2016, o grupo total de desempregados pertencia à faixa etária dos 15 aos 24 anos, que representava 48. 2 por cento, enquanto o grupo etário de 25 a 34 anos, 28,2 por cento. Isso significa que a força de trabalho das Filipinas está a ser dominada por trabalhadores com idades compreendidas entre os 25 e os 34 anos. A taxa de emprego em julho de 2016 foi estimada em 94,6 por cento. Quatro regiões, a saber, CALABARZON (92,4%), Região da Capital Nacional (NCR) (93,5%), Luzon Central (93,8%) e Mindanao do Norte (93,9%) tiveram as taxas de emprego mais baixas. A taxa de participação da força de trabalho (LPFR) em julho de 2016 foi estimada em 63,3 por cento. A população ativa é constituída por pessoas empregadas e desempregadas com 15 anos ou mais.

De acordo com a IATA, 2011, as infra-estruturas terrestres da aviação empregam 33 000 pessoas e apoiam, através da sua cadeia de abastecimento, mais 19 000 postos de trabalho. Estes empregos indiretamente apoiados incluem, por exemplo, trabalhadores da construção civil que constroem ou mantêm instalações nos aeroportos. Outros 21 000 postos de trabalho são apoiados pelas despesas das pessoas empregadas pelas infra-estruturas terrestres e pela cadeia de abastecimento do sector da aviação.

A infraestrutura terrestre contribui diretamente com 9,6 mil milhões de PHP para a economia filipina (PIB). Contribui indiretamente com mais 4,5 mil milhões de PHP através da produção que suporta na sua cadeia de abastecimento. Outros 4,8 mil milhões de PHP provêm das despesas daqueles que trabalham nas instalações terrestres e na sua cadeia de abastecimento.

Quadro 2

Perfil demográfico com base no sexo

Sexo	Frequência	Percentagem
Masculino	122	36.1
Feminino	216	63.9
Total	338	100.0

A tabela 2 indica que cento e vinte e dois dos trezentos e trinta e oito participantes são do sexo masculino (36,1%). Duzentos e dezasseis são do sexo feminino, ou seja, 63,9%.

De acordo com o estudo realizado por Steer Davies Gleave, 2015, sobre a tendência do emprego no sector dos transportes aéreos na Europa, para ambos os sexos, as proporções mantêm-se aproximadamente ao mesmo nível antes de 2010, com os homens a representarem 58% do total de pessoas empregadas e as mulheres 42%. No entanto, em 2010, a percentagem total de homens empregados diminuiu para 55%, o que pode refletir o facto de as reduções de pessoal associadas à recessão económica terem afetado negativamente o pessoal masculino. A percentagem recuperou e, em 2013, a percentagem de homens empregados no transporte aéreo de passageiros é ligeiramente superior à da economia em geral e inferior (em 15-20 pontos percentuais) à do sector dos transportes e armazenagem.

Alguns sectores de serviços são tradicionalmente dominados por pessoal de primeira linha do sexo masculino ou feminino. Por exemplo, atualmente, os assistentes de bordo ainda são predominantemente do sexo feminino, um legado dos anos 30, quando as enfermeiras substituíram os rapazes neste trabalho. Considerava-se que as mulheres eram capazes de cuidar melhor dos clientes e de promover uma presença feminina para aumentar a perceção de segurança dos voos (www.afacwa.org/, 2010).

O estudo exploratório realizado por Di Mascio, 2010, mostrou que a interpretação de um bom serviço ao cliente é influenciada pelo género dos empregados da linha da frente. Os modelos de serviço das mulheres e dos homens apresentam diferenças óbvias. Para o pessoal de serviço feminino, a qualidade da interação e os processos de serviço são o núcleo de um bom serviço ao cliente, enquanto os seus homólogos masculinos estão mais centrados nos resultados e consideram o serviço ao cliente principalmente como uma resolução eficiente de problemas.

Quadro 3

Perfil demográfico com base no número de participantes por companhia aérea

Companhia aérea	Frequência	Percentagem
A	200	59.2
B	78	23.1
C	60	17.8
Total	338	100.0

Mais de metade dos participantes trabalhavam na companhia aérea A (59%). Na companhia aérea B, 78 dos 338 foram inquiridos, ao passo que 60 o foram na companhia aérea C. Isto mostra também que a companhia aérea A tem o maior número de empregados em comparação com as outras duas companhias aéreas.

Quadro 4

Perfil demográfico com base na posição

Posição	Frequência	Percentagem
Equipas de terra/ pessoal administrativo	314	92.9
Gestores de terra de companhias aéreas	24	7.1
Total	338	100.0

O quadro 4 mostra que a maioria dos participantes eram tripulantes e apenas 24 dos 338 eram gestores. Com base nos dados apresentados, pode concluir-se que o rácio entre gestores e tripulantes é de 1:13.

De acordo com a Lei, 2014, um aeroporto é um local designado onde as aeronaves descolam e aterram. Os aeroportos são uma das partes mais importantes do sistema de transporte aéreo atual. O estudo centra-se apenas nas práticas ecológicas da zona terrestre do aeroporto. A zona de terra, tal como definida por Doerflein, 2014, começa na entrada do aeroporto e termina na segurança e na imigração (aeroportos internacionais). Está ligada ao acesso e à saída dos transportes terrestres. A zona de terra é constituída por balcões ou quiosques de check-in, pontos de entrega de bagagem, restaurantes e lojas. O átrio de chegada situado na zona de terra é composto por áreas de recolha de bagagem, áreas de acolhimento, balcões de informação turística e empresas de aluguer de automóveis.

Os funcionários das operações em terra não precisam de ter um curso de quatro anos, uma vez que a companhia aérea irá ministrar várias formações, tais como leitura de vistos, definição do perfil dos passageiros, validação de documentos e sistema de controlo de partidas que está a ser utilizado nos balcões de check-in. Os funcionários que farão o procedimento de embarque também receberão formação sobre como utilizar os leitores de cartões de embarque e os sistemas de paging. O número de gestores por companhia aérea varia entre quatro e dezasseis para todo o turno, dependendo do volume de voos que a companhia aérea serve. A sua tarefa centra-se mais na administração e na gestão. São eles que asseguram que os voos serão tratados de acordo com as normas estabelecidas pela companhia aérea. Uma das suas principais funções é supervisionar o desempenho atempado de todos os voos que estão a tratar, tendo em conta a segurança dos passageiros e da companhia aérea, com base nas normas internacionais e nacionais estabelecidas de acordo com os regulamentos CAAP, IATA e ICAO.

Quadro 5

De acordo com o tempo de serviço

Tempo de serviço	Frequência	Percentagem
6 meses - 1 ano	128	37.9
Mais de 1 ano - 2 anos	120	35.5
Mais de 2 anos - 3 anos	27	8.0
Mais de 3 anos - 4 anos	29	8.6
Mais de 4 anos -5 anos	10	3.0
Mais de 5 anos	24	7.1
Total	338	100.0

A distribuição dos inquiridos de acordo com o seu tempo de serviço foi resumida na Tabela 4.e. Pode concluir-se que a maioria dos empregados tem menos de 2 anos de experiência. Os resultados coincidem com as idades dos inquiridos, uma vez que a maioria pertence a idades compreendidas entre os 21 e os 25 anos.

De acordo com os gestores da companhia aérea, o pessoal das operações de assistência em escala está a ser sujeito a uma base contratual (um mês a cinco meses). Esta situação está em conformidade com o Decreto Presidencial n.º 442 ou com o Código do Trabalho das Filipinas, que estabelece que o período de estágio não deve exceder 6 meses a contar da data em que o trabalhador começou a trabalhar, exceto se estiver abrangido por um acordo de aprendizagem que estipule um período mais longo. Os serviços de um trabalhador que tenha sido contratado numa base de estágio podem ser rescindidos por justa causa ou quando este não reunir as condições necessárias para ser considerado um trabalhador regular, de acordo com as normas razoáveis dadas a conhecer pela entidade patronal ao trabalhador no momento da sua contratação. Um trabalhador que seja autorizado a trabalhar após um período de estágio é considerado um trabalhador regular.

Cento e vinte participantes, ou 35,5%, estão empregados há mais de um ano a dois anos. Os participantes que estão nas operações da companhia aérea há mais de dois a três anos são vinte e sete participantes ou 8,0. Enquanto vinte e nove ou 8,6% estão na empresa há mais de três a quatro anos. Dez ou 3,0 dos inquiridos estão ao serviço há mais de quatro a cinco anos. Vinte e quatro dos trezentos e trinta e oito trabalharam mais de 5 anos na empresa. De acordo com o estudo de Vergara, 2015, os acordos de contratação e subcontratação são comuns na maioria das transacções comerciais. Em vez de contratar os seus próprios mensageiros, porteiros e seguranças, entre outros, os empresários aprenderam o valor da subcontratação destes serviços. Na verdade, a subcontratação destes trabalhos é, de facto, mais rentável em termos de tempo e dinheiro para o empresário habitual. No entanto, os acordos de subcontratação são regulados pela legislação laboral filipina para garantir que estes acordos não resultam na exploração dos trabalhadores contratados.

Quadro 6

Práticas Verdes no Departamento de Tratamento de Passageiros Em termos de Conservação de Energia - Reduzir

Conservação de energia - Reduzir	Média	SD	Observações
1. Substituição das lâmpadas LED do sistema de iluminação tradicional	2.60	.952	Moderadamente praticado
2. Utilizar a luz natural sempre que possível.	2.95	.917	Moderadamente praticado
3. Instalação de painéis solares como fonte alternativa de energia.	2.25	1.078	Moderadamente praticado

4. Os computadores são desligados quando não estão a ser utilizados.	3.12	.868	Moderadamente praticado
5. A ventilação natural está a ser utilizada sempre que possível.	2.74	1.088	Moderadamente praticado
6. As luzes dos gabinetes são desligadas durante a pausa para almoço (1200-1300).	2.34	1.073	Moderadamente praticado
Média global	2.6677	.72370	Moderadamente praticado

Observações:

Média	Interpretação
3.25-4.00	Sempre praticado
2.50-3.24	Moderadamente praticado
1.75-2.49	Ligeiramente praticado
1.00-1.74	Nunca praticou

A Tabela 6 mostra que a maioria dos participantes está a implementar moderadamente práticas ecológicas em termos de conservação de energia. Desligar os computadores quando não estão a ser utilizados é a prática mais ecológica, com uma média de 3,12, enquanto a mais baixa é de 2,25, que é a instalação de painéis solares como fonte alternativa de energia.

Os custos energéticos são um dos factores mais fáceis de gerir no local de trabalho e, frequentemente, são os que têm maior potencial de redução. Uma das práticas do estudo efectuado pelo Conselho de Clackmannanshire, em 2016, é desligar o computador quando não é necessário. Mesmo desligar um monitor durante a pausa para o chá e o almoço evita a acumulação excessiva de calor numa sala.

Em 2014, a Autoridade de Aviação Civil das Filipinas revelou planos para iniciar a implementação de planos em Mindanao que irão impulsionar os projectos de aeroportos ecológicos da agência. De acordo com o CAAP, o projeto já foi testado na cidade de Butuan e em Siargao (Mascarinas, 2014), o que mostra claramente por que razão a instalação de painéis solares como fonte alternativa de energia obteve a média mais baixa.

Quadro 7

Práticas verdes no departamento de tratamento de passageiros Em termos de gestão de resíduos - segregação

Gestão de resíduos - Segregação	Média	SD	Observações
1. Os resíduos que podem ser reciclados são separados.	3.23	.771	Moderadamente praticado
2. Segregação dos resíduos sólidos nas seguintes categorias: "compostáveis", "residuais", "recicláveis" ou "resíduos especiais (tais como resíduos de cuidados de saúde, resíduos tóxicos e perigosos, resíduos volumosos ou electrodomésticos)", incluindo ou conforme considerado adequado pelo estabelecimento.	3.20	.800	Moderadamente praticado
Média global	3.2160	.70969	Moderadamente praticado

Observações:

Média	Interpretação
3.25-4.00	Sempre praticado
2.50-3.24	Moderadamente praticado
1.75-2.49	Ligeiramente praticado
1.00-1.74	Nunca praticou

A frequência da prática em termos de gestão de resíduos-reciclagem está resumida na Tabela 7. Os resultados mostraram que todas as condições indicadas foram moderadamente praticadas pelos participantes (2,83). A média mais elevada (3,08) foi atribuída aos resíduos de papel, jornais, garrafas de vidro/plástico e latas. A classificação média mais baixa é para a reciclagem de cartuchos de toner para impressoras (2,71). Isto deve-se ao facto de apenas alguns dos participantes estarem inclinados para trabalhos de impressão nas companhias aéreas

Quadro 8

Práticas verdes no departamento de tratamento de passageiros em termos de gestão de resíduos - reciclagem

Gestão de resíduos - Reciclagem	Média	SD	Observações
1. Os resíduos de papel, jornais, garrafas de vidro/plástico e latas são recolhidos, separados, reciclados e vendidos.	3.08	.817	Moderadamente praticado
2. Os cartuchos de toner de impressora usados	2.71	.870	Moderadamente

95

são reciclados.			praticado
3. A sinalização eléctrica está a ser utilizada.	2.76	.828	Moderadamente praticado
4. Os fornecedores são incentivados a utilizar materiais não tóxicos	2.79	.715	Moderadamente praticado
Média global	2.84	.62533	Moderadamente praticado

Observações:

Média	Interpretação
3.25-4.00	Sempre praticado
2.50-3.24	Moderadamente praticado
1.75-2.49	Ligeiramente praticado
1.00-1.74	Nunca praticou

A frequência da prática em termos de gestão de resíduos-reciclagem está resumida na Tabela 8. Os resultados mostraram que todas as condições declaradas foram moderadamente praticadas pelos participantes. Isto mostra que o departamento de tratamento de passageiros das transportadoras de baixo custo selecionadas nas Filipinas não é consistente na implementação de procedimentos ambientais nas suas operações. A média mais elevada (3,08) foi atribuída aos resíduos de papel, jornais, garrafas de vidro/plástico e latas que são recolhidos, separados, reciclados e vendidos. A classificação média mais baixa foi atribuída à reciclagem de cartuchos de toner para impressoras (2,71). Isto deve-se ao facto de apenas alguns dos participantes estarem inclinados para trabalhos de impressão nas companhias aéreas.

Para os milhões de passageiros que viajam de avião, os aeroportos são simplesmente locais onde obtêm um cartão de embarque, passam pela segurança, tomam uma bebida ou uma refeição, fazem fila e embarcam no avião, para depois descolarem na pista. Mesmo aqueles que trabalham num aeroporto podem não ver todo o âmbito da atividade que se desenrola em torno da complexa instalação. Cada atividade aeroportuária tem o seu próprio conjunto de intervenientes, necessidades de recursos e fluxos de resíduos. Qualquer plano de implementação de um programa de reciclagem num aeroporto deve considerar todas as actividades e fluxos de resíduos nas instalações, mesmo que o programa seja implementado gradualmente numa ou duas actividades de cada vez. As principais actividades devem ser analisadas no contexto da sua localização, no contexto das tarefas que estão a ser executadas e dos resíduos que estão a ser gerados. (FAA, 2013)

O terminal é o coração de um complexo aeroportuário e normalmente tem a maior concentração de pessoas, o que pode traduzir-se na maior concentração de resíduos. O terminal alberga não só os balcões de venda de bilhetes e as portas de embarque, mas também restaurantes, lojas e casas de banho que são frequentados por passageiros e funcionários das companhias aéreas e do aeroporto. Para além disso, muitos terminais são suficientemente grandes para terem escritórios e salas de descanso para o pessoal das companhias aéreas e do aeroporto. Devido à variedade de operações, os tipos de resíduos produzidos num terminal também são variados e incluem alimentos, papel, plástico (em muitas formas), latas de alumínio, gordura e óleo de restaurante, resíduos universais (electrónicos, lâmpadas, baterias), resíduos verdes (provenientes de tratamento de relvados), lixo geral e resíduos de aviões que desembarcam. (FAA, 2013)

Todos os aeroportos têm escritórios para os funcionários das companhias aéreas e dos aeroportos, bem como para os representantes do governo, e os grandes aeroportos podem ter edifícios de escritórios de vários andares. Estes escritórios produzem fluxos de resíduos típicos de todas as operações de escritório: papel, cartuchos de toner, resíduos universais (pilhas, lâmpadas e aparelhos electrónicos), plástico, latas de alumínio, alimentos e lixo geral. (FAA, 2013)

Embora os aeroportos dos Estados Unidos tenham feito esforços nos últimos anos para aumentar a reciclagem e minimizar os RSU, ainda há muito trabalho a fazer. Sem dúvida, há desafios formidáveis envolvidos na criação de programas eficazes de minimização de resíduos e reciclagem nos aeroportos, mas podem ser feitas melhorias significativas através de uma análise abrangente dos sistemas actuais em vigor, uma avaliação franca dos constrangimentos e o desenvolvimento de um plano de ação claro. Até recentemente, a maioria dos programas de reciclagem em aeroportos concentrava-se principalmente em maximizar a quantidade de materiais recicláveis removidos do fluxo de resíduos. Embora isto seja importante tanto do ponto de vista ambiental como económico, é também necessária uma visão mais ampla. Em vez de se concentrarem exclusivamente na extração de materiais recicláveis do fluxo de resíduos, as grandes organizações estão agora a encontrar formas de minimizar o fluxo global de resíduos a montante e a jusante da cadeia de valor, influenciando assim a gestão de materiais para obter melhores resultados ambientais e económicos. Do mesmo modo, um programa de reciclagem/ minimização de resíduos num aeroporto executado com êxito tem o potencial de ter um impacto positivo nos inquilinos do aeroporto, nos clientes e na comunidade em geral. (FAA, 2013)

Quadro 9

Práticas ecológicas no departamento de tratamento de passageiros Em termos de actividades de escritório

Actividades do escritório	Média	SD	Observações
1. São utilizadas folhas de rascunho.	3.36	.738	Ligeiramente praticado
2. Implementação de relatórios sem papel para todos os funcionários.	2.73	.813	Moderadamente praticado
Média global	3.0444	.67123	Moderadamente praticado

Observações:

Média	Interpretação
3.25-4.00	Sempre praticado
2.50-3.24	Moderadamente praticado
1.75-2.49	Ligeiramente praticado
1.00-1.74	Nunca praticou

Como se pode ver na Tabela 9, os participantes praticam sempre a utilização de papéis de rascunho, enquanto a implementação de relatórios sem papel é moderadamente praticada. A média e o desvio padrão para as duas actividades foram 3,36, 2,73 e 0,738, 0,813, respetivamente.

De acordo com a WWF, 2011, a produção de papel tem uma grande pegada ecológica. Afecta o futuro das florestas mundiais, das espécies ameaçadas, dos recursos hídricos, do clima e das pessoas. Em 2010, os Gabinetes Verdes utilizaram 172 313 003 folhas de papel de escritório, menos 8,3 % do que em 2009 (informação recebida de 108 gabinetes). Para além dos benefícios ambientais, a redução do consumo de papel permitiu uma poupança de custos no valor de 110 000 euros. Também o consumo de papel de impressão diminuiu 2,2% de 2009 para 2010. No total, as emissões de dióxido de carbono causadas pela utilização de papel de escritório e de impressão diminuíram 193 tCO2 -eq em 2010, em comparação com as de 2009.

Quadro 10

Desafios enfrentados pelas LCC na adoção de práticas ecológicas em termos de custos

Custo	Média	SD	Observações
A companhia aérea incorrerá em despesas adicionais para:			
1. Formação da tripulação de terra/dos gestores	3.28	.844	Concordo totalmente
2. Matérias-primas (por exemplo, etiquetas de bagagem, cartões de embarque)	3.32	.832	Concordo totalmente
3. Investir em equipamento energeticamente eficiente	3.07	.816	De acordo
4. Instalação de iluminação LED	2.96	.796	De acordo
5. utilização de fontes alternativas de energia (por exemplo, painel solar)	2.84	.799	De acordo
Média global	3.0941	.64951	De acordo

Observações:

Média	Interpretação
3.25-4.00	Concordo totalmente
2.50-3.24	De acordo
1.75-2.49	Não concordo
1.00-1.74	Discordo totalmente

O custo é também outra variável incluída no estudo. Os participantes "concordam fortemente" que a empresa incorrerá em despesas adicionais com a formação da tripulação/gestor de terra (3,28) e com matérias-primas (3,32). Entretanto, apenas "concordam" que haverá custos adicionais no investimento em equipamento energeticamente eficiente (3,07), na instalação de iluminação LED (2,96) e na utilização de fontes alternativas de energia (2,84).

Fundamentalmente, as empresas são concebidas para ganhar dinheiro, e a introdução de iniciativas de sustentabilidade tem normalmente um custo. (Puritt, 2012).

Asinjo, (2011), afirmou no seu estudo que existem alguns desafios à medida que os aeroportos tomam iniciativas no sentido da sustentabilidade. É importante compreender alguns dos desafios da implementação e das práticas de sustentabilidade antes de analisar os benefícios e as eficiências. Outros elementos benéficos são os factores significativos que estimulam e apoiam as práticas de sustentabilidade dos aeroportos. Estes obstáculos e catalisadores ajudam os aeroportos a organizar e a concentrar as suas práticas actuais em objectivos realistas e alcançáveis.

O relatório "Airport Sustainability Practices", publicado na Síntese 10 do ACRP, identifica alguns dos catalisadores, obstáculos à sustentabilidade e práticas futuras de sustentabilidade nas práticas ambientais, económicas e sociais dos aeroportos. O relatório de Práticas de Sustentabilidade Aeroportuária do ACRP delineou os obstáculos à sustentabilidade, do mais difícil para o menos difícil. Por esta ordem, estes obstáculos incluem o financiamento, o pessoal, a gestão, a cultura e a formação (Asinjo, 2011).

Quadro 11

Desafios enfrentados pelas LCC na adoção de práticas ecológicas Em termos de implementação

Implementação	Média	SD	Observações
1. Participação na formação sobre práticas ecológicas (para a equipa e o gestor)	3.24	.738	De acordo
2. Empenho da tripulação em seguir sistematicamente o conjunto de normas	3.35	.636	Concordo totalmente
3. Empenho dos gestores em verificar e controlar constantemente a conformidade da tripulação com as normas estabelecidas	3.28	.824	Concordo totalmente

4. Afetação de uma equipa a uma tarefa específica para garantir a execução adequada de práticas ecológicas (por exemplo, monitorização do equipamento)	3.21	.763	De acordo
5. Organizar uma equipa ou esquadrão para assumir a liderança na implementação de práticas ecológicas	3.04	.805	De acordo
Média global	3.22	.65507	De acordo

Observações:

Média	Interpretação
3.25-4.00	Sempre praticado
2.50-3.24	Moderadamente praticado
1.75-2.49	Ligeiramente praticado
1.00-1.74	Nunca praticou

Como se pode ver no Quadro 11, a maioria dos participantes "concorda" com a implementação de práticas ecológicas como um desafio para as transportadoras de baixo custo nas Filipinas. O empenhamento da tripulação e do gestor é uma preocupação na aplicação, com uma média de 3,35 e 3,28, respetivamente. Além disso, em termos de participação na formação (3,24), a atribuição de tarefas específicas à tripulação (3,21) e a organização de uma equipa para assumir a liderança (3,04) obtiveram classificações equivalentes a "concordo".

Tal como mencionado no estudo de Vergara, 2015, a tarefa mais importante para uma eco-organização é o processo de introdução e desenvolvimento de uma cultura ambiental e de acções práticas que constituem a base para o desenvolvimento de uma política ambiental e de uma estratégia global em matéria de gestão de resíduos, energia e conservação da água, aquisição de produtos, qualidade do ar interior, emissões atmosféricas externas, materiais perigosos, amianto, etc. O processo defendido é exemplar, envolvendo um compromisso do topo para a base, uma ampla comunicação e consulta, a nomeação de um coordenador e de um grupo de trabalho e a definição de um programa interno para integrar o ambientalismo na cultura do pessoal, aumentar a sensibilização, reforçar o empenhamento, prestar apoio, recompensar e reconhecer os esforços, celebrar os êxitos e tomar medidas práticas, etc.

Quadro 12

Desafios enfrentados pelas companhias aéreas na adoção de práticas ecológicas em termos de eficiência e produtividade

Produtividade e eficiência	Média	SD	Observações
1. O equipamento funcional de apoio às práticas ecológicas é funcional	2.98	.844	De acordo
2. Membros da equipa bem formados e com conhecimentos para executar as práticas ecológicas	3.11	.797	De acordo
3. Avaliação da execução das práticas ecológicas iniciadas	2.97	.834	De acordo
4. Documentação das auditorias auto-iniciadas sobre a conformidade com as normas estabelecidas	2.96	.833	De acordo
Média global	3.00	.78290	De acordo

Observações:

Média	Interpretação
3.25-4.00	Sempre praticado
2.50-3.24	Moderadamente praticado
1.75-2.49	Ligeiramente praticado
1.00-1.74	Nunca praticou

Todas as afirmações no âmbito da produtividade e eficiência obtiveram classificações de "concordo" com valores médios que variam entre 2,50 e 3,24. Especificamente, a média mais elevada obtida foi para membros da tripulação com boa formação e conhecimentos (3,11), equipamento funcional para apoiar práticas ecológicas (2,98), avaliação da execução das práticas ecológicas iniciadas (2,97) e documentação das auditorias auto-iniciadas sobre a conformidade com as normas estabelecidas (2,96).

O quadro mostra que os participantes classificaram este parâmetro com uma classificação global de 3,00, o que indica claramente que os participantes concordaram com os itens (práticas verdes) enumerados no quadro.

De acordo com a revista Business News do segmento de Mielach, 2012, as empresas têm agora mais uma razão para se tornarem ecológicas. Uma nova investigação revelou que as empresas que adoptam práticas ecológicas têm empregados mais produtivos do que as que não o fazem. Em média, os funcionários de empresas que adoptam práticas ecológicas são 16% mais produtivos do que a média dos funcionários. A adoção de práticas ecológicas não é apenas boa para o ambiente", afirmou Magali Delmas, coautora do estudo. "É bom para os seus empregados e é bom para os seus resultados. Os trabalhadores destas empresas ecológicas estão mais motivados, recebem mais formação e beneficiam de melhores relações interpessoais.

Os empregados das empresas ecológicas são, portanto, mais produtivos do que os empregados das empresas mais convencionais". Para o provar, Delmas, economista ambiental do Instituto do Ambiente e da Sustentabilidade da UCLA e da UCLA Anderson School of Management, e Sanja Pekovic, da Universidade Paris-Dauphine, em França, examinaram

dados de 5.220 empresas francesas. Os investigadores selecionaram dois trabalhadores de cada empresa e determinaram o valor médio da produção por trabalhador. Delmas e Pekovic determinaram esse valor de produção tomando a receita menos o custo de uma empresa e dividindo esse número pelo número de funcionários de uma empresa. Os investigadores sugerem que o aumento da produtividade pode estar relacionado com o facto de os trabalhadores verem as empresas ecológicas como um sinal de um ambiente de trabalho positivo que incentiva a cooperação entre os trabalhadores. A investigação também concluiu que os empregadores ecológicos são vistos de forma mais favorável pelos investidores devido à sua ligação a práticas de gestão eficazes e a práticas económicas. As empresas que adoptaram voluntariamente normas e rótulos internacionais, como "orgânico" e "comércio justo", e as empresas com a certificação ISO 14001 da Organização Internacional de Normalização, um programa voluntário de normas industriais, também foram consideradas ecológicas para efeitos do estudo (Mielach, 2012).

Quadro 13

**Oportunidades que são benéficas para os CCL selecionados em matéria de
práticas ecológicas - Implementação**

OPORTUNIDADES	Média	SD
1. Melhoria contínua através de iniciativas de prevenção da poluição	3.20	.767
2. Reforçar a posição de liderança na implementação de práticas ecológicas	3.18	.756
3. Base para a introdução de alterações nos decretos municipais/cidades/provinciais	3.13	.777
4. Criação de um ambiente mais saudável	3.30	.758
5. Criação de máquinas ou equipamentos de apoio às práticas ecológicas nos escritórios	3.09	.832
6. Melhoria da imagem pública e das relações com a comunidade	3.23	.726
7. Redução dos riscos ambientais	3.24	.742
8. Aumento da confiança entre as partes interessadas	3.22	.729
Média global	3.20	.69473

Observações:

Média	Interpretação
3.25-4.00	Sempre praticado
2.50-3.24	Moderadamente praticado
1.75-2.49	Ligeiramente praticado
1.00-1.74	Nunca praticou

Os participantes classificaram 7 das 8 afirmações como "concordo" em termos de
oportunidades. A criação de um ambiente mais saudável deve ser o principal objetivo, de
acordo com a perceção dos participantes, com um valor médio de 3,30 classificado como
"concordo totalmente". Além disso, também concordaram com a redução do risco
ambiental (3,24), a melhoria da imagem pública e das relações com a comunidade (3,23),
o aumento da confiança entre as partes interessadas (3,22), a melhoria contínua (3,20), o
reforço da posição de liderança para a implementação de práticas ecológicas (3,18), os

104

factores de produção básicos para alterações (3,13) e a criação de máquinas (3,09).

Os indicadores de ambientes de trabalho saudáveis são definidos como ambientes de trabalho que não se limitam à ausência de factores prejudiciais no trabalho, mas que também produzem um retorno positivo sob a forma de um conteúdo profissional rico, satisfação profissional, participação social e desenvolvimento pessoal (Autoridade Sueca para o Ambiente de Trabalho, 2010).

O conhecimento neste domínio é ainda bastante vago no que diz respeito ao que cria, promove e sustenta a saúde e o bem-estar no trabalho entre gestores e trabalhadores e quais os factores que podem ser mais importantes. Para podermos agir, temos de explorar e compreender melhor estes factores subjacentes, os "factores de trabalho saudável". O objetivo deste estudo foi, portanto, explorar a forma como uma amostra de trabalhadores suecos de colarinho azul e branco descreve os factores de saúde no trabalho, bem como compreender o conceito de bem-estar no trabalho (Lindberg, 2015).

Quadro 14

Relação entre o perfil demográfico dos participantes e o grau de implementação em termos de idade

Actividades	Valor do qui-quadrado	Coeficiente de contingência	valor de p	Observações
Conservação de energia - Reduzir	232.599	.638	.000	Altamente significativo
Gestão de resíduos - Segregação	106.719	.490	.000	Altamente significativo
Gestão de resíduos - Reciclagem	105.659	.488	.000	Altamente significativo
Actividades do escritório	215.382	.624	.000	Altamente significativo

HS - altamente significativo

Com base no Quadro 14, a idade dos inquiridos está significativamente relacionada com as diferentes actividades (p-value < 0,01). Os trabalhadores mais jovens têm um nível mais elevado de implementação de práticas ecológicas, ao passo que os trabalhadores com idade inferior têm um desempenho inferior em comparação com os outros.

105

De acordo com o estudo efectuado por Vergara, 2015, um grande número de provas apoia a noção de que as capacidades cognitivas diminuem a partir de uma determinada fase da vida adulta. O raciocínio, a velocidade e a memória episódica diminuem significativamente a partir dos 50 anos. A diminuição das capacidades cognitivas dos trabalhadores mais velhos pode levar a uma menor produtividade, a menos que a sua experiência mais longa e os elevados níveis de conhecimento do trabalho compensem o declínio das capacidades mentais. Quando os adultos mais velhos e mais jovens foram comparados em relação às pontuações de domínio da formação, os resultados favoreceram os adultos mais jovens.

Quadro 15

Relação entre o perfil demográfico dos participantes e o grau de implementação em termos de género

Actividades	Valor do qui-quadrado	Coeficiente de contingência	valor de p	Observações
Conservação de energia - Reduzir	13.337	.195	.004	Altamente significativo
Gestão de resíduos - Segregação	4.805	.118	.187	Não Significativo
Gestão de resíduos - Reciclagem	40.617	.328	.000	Altamente significativo
Actividades do escritório	48.889	.355	.000	Altamente significativo

HS-Altamente significativoNS-Não significativo

Em termos de sexo, os homens têm um nível mais baixo de práticas ecológicas do que as mulheres em matéria de conservação de energia, gestão de resíduos e actividades de escritório. De um modo geral, o género está significativamente relacionado com as práticas ecológicas. Obtiveram-se resultados altamente significativos para as três actividades (p-value <0,01), nomeadamente Conservação de Energia - Redução, Gestão de Resíduos - Segregação, Gestão de Resíduos - Reciclagem e Actividades de Escritório.

No entanto, o sexo não está significativamente relacionado com a gestão-segregação de resíduos, com um valor p superior a 0,05.

A integração da perspetiva de género não se limita a acrescentar mulheres. Implica olhar para a experiência e os interesses das mulheres e dos homens no processo de desenvolvimento e reimaginar estas realidades de forma a desafiar as estruturas sociais existentes e colocar as mulheres e os homens em pé de igualdade (UNIDO, 2015).

Merron, 2015, definiu que os homens são lineares no processo de pensamento e mais limitados no seu enfoque, pelo que são capazes de decompor os problemas nas suas partes componentes e resolvê-los, enquanto Annis (2015) definiu que as mulheres vêem frequentemente um problema de forma holística e são capazes de compreender a situação sem precisarem de saber quais são todas as partes. Quando se trata de resolver problemas, especialmente no mundo dos negócios.

Além disso, de acordo com o estudo efectuado por De Gobbi, 2011, as mulheres têm um maior compromisso com o ambientalismo em relação aos homens. Têm níveis relativos mais elevados de comportamentos amigos do ambiente nas rotinas diárias regulares. Por exemplo, as mulheres reciclam, compram produtos biológicos, poupam energia e reutilizam objectos mais do que os homens. A investigação sugere que estes comportamentos ambientais gerais baseados no género existem em todas as culturas. Além disso, as mulheres preocupam-se mais com o ambiente do que os homens em todas as idades.

No entanto, a segregação da gestão de resíduos não se revelou significativa para todos os participantes em transportadoras de baixo custo selecionadas nas Filipinas, tal como se afirma no estudo de investigação de Kojima e Machida, 2011, intitulado "Revisão do sistema de gestão de resíduos nas Filipinas", que a gestão de resíduos sólidos não é um fenómeno isolado que possa ser compartimentado e resolvido mais facilmente com tecnologia ou engenharia inovadoras. Há também outras questões que devem ser consideradas, como os aspectos políticos, económicos, técnicos e sociais da governação ambiental.

Quadro 16

Relação entre o perfil demográfico dos participantes e o grau de implementação
em termos de empresa

Actividades	Valor do qui-quadrado	Coeficiente de contingência	valor de p	Observações
Conservação de energia - Reduzir	26.350	.269	.000	Altamente significativo
Gestão de resíduos - Segregação	34.172	.303	.000	Altamente significativo
Gestão de resíduos - Reciclagem	59.872	.388	.000	Altamente significativo
Actividades do escritório	69.584	.413	.000	Altamente significativo

HS - altamente significativo

A companhia aérea C obteve o nível mais elevado de implementação de práticas ecológicas em comparação com as outras duas companhias aéreas, com base na tabela de referência cruzada apresentada no apêndice. De um modo geral, a empresa onde trabalhavam está significativamente relacionada com a adoção de práticas ecológicas. Todos os valores de p calculados foram inferiores a 0,01.

Como parte do facto de ser membro e empregado da transportadora de baixo custo em constante crescimento (Companhia Aérea C), não só na Ásia mas em todo o mundo, está escrito no seu código de conduta minimizar os danos ambientais através do desenvolvimento, promoção e utilização de tecnologias e práticas amigas do ambiente.

Quadro 17

Relação entre o perfil demográfico dos participantes e o grau de implementação
em termos de cargo

Actividades	Valor do qui-quadrado	Coeficiente de contingência	valor de p	Observações
Conservação de energia - Reduzir	13.699	.197	.003	Altamente significativo
Gestão de resíduos - Segregação	15.796	.211	.001	Altamente significativo
Gestão de resíduos - Reciclagem	.607	.042	.738	Não

| | | | | significativo |
| Actividades do escritório | 6.142 | .134 | .105 | Não significativo |

HS - altamente significativo

NS-Não significativo Globalmente significativo

Conforme resumido na Tabela 17, a posição dos participantes está significativamente relacionada com a implementação de práticas ecológicas em termos de conservação de energia - reduzir e gestão de resíduos - segregar, uma vez que os valores de p calculados foram inferiores a 0,01. Isto implica que a equipa tem um nível de implementação mais elevado do que os gestores. Por outro lado, a posição não está significativamente relacionada com as práticas ecológicas em termos de gestão de resíduos - reciclagem e actividades de escritório.

Uma vez que o número de trabalhadores é significativo em comparação com o número de gestores. O rácio entre o número de funcionários e o número de gestores é de 1:13.

Quadro 18

Relação entre o perfil demográfico dos participantes e o grau de implementação em termos de tempo de serviço

Actividades	Valor do qui-quadrado	Coeficiente de contingência	valor de p	Observações
Conservação de energia - Reduzir	139.581	.541	.000	Altamente significativo
Gestão de resíduos - Segregação	55.785	.376	.000	Altamente significativo
Gestão de resíduos - Reciclagem	125.387	.520	.000	Altamente significativo
Actividades do escritório	227.812	.635	.000	Altamente significativo

HS - altamente significativo

O Quadro 18 reflecte a relação entre o tempo de serviço e a implementação de práticas ecológicas. Os resultados mostram que a sua relação é altamente significativa. Em termos de conservação/redução de energia, gestão de resíduos - segregação, gestão de resíduos - reciclagem e actividades de escritório, os valores de p foram todos inferiores a 0,01. Além disso, os trabalhadores com menos anos de experiência têm um nível mais elevado de implementação de práticas ecológicas.

De acordo com o estudo efectuado por Vergara, 2015, os funcionários que estão na empresa há mais de seis meses tendem a ter um elevado grau de conformidade com as práticas verdes iniciadas pela loja. A familiarização e o domínio destas práticas já estavam assimilados por estes funcionários, uma vez que estas práticas já faziam parte do seu dia a dia e já lhes tinha sido dada formação. Também se esperava que estes funcionários fossem os campeões e defensores das práticas ecológicas, uma vez que eram bolseiros da loja, prestadores de serviços (anteriormente designados membros da cooperativa) e gestores que já eram funcionários regulares. Os trabalhadores que fazem parte da empresa há menos de seis meses tendem a ter um nível inconsistente de conformidade com as práticas ecológicas, sobretudo nas actividades orientadas para a conservação da energia e das embalagens.

CAPÍTULO 5

RESUMO, CONCLUSÕES E RECOMENDAÇÕES

Resumo

As transportadoras de baixo custo nas Filipinas contribuíram para cerca de 96% do total de viagens aéreas domésticas e continuam a crescer. Como todos sabemos, o crescimento das empresas também é congruente com as questões ambientais, este crescimento inevitável pode trazer problemas que enfrentamos como a urbanização. O crescimento das actividades relacionadas com a aviação resultou numa expansão positiva e significativa da infraestrutura da aviação, criando amplos benefícios que incluem emprego, negócios, comércio, comércio, turismo, prosperidade e orgulho da comunidade. Infelizmente, os efeitos secundários adversos do aumento das operações dos aeroportos e das companhias aéreas têm sido associados aos resíduos. O transporte aéreo é considerado um dos maiores contribuintes para a poluição atmosférica, uma vez que emite dióxido de carbono e outros poluentes diretamente para a atmosfera. Além disso, as suas operações em terra também têm um impacto negativo na zona circundante onde o aeroporto está localizado.

É por isso que o estudo é realizado não só para verificar as práticas ecológicas das transportadoras de baixo custo selecionadas no país, mas também para analisar o grau de implementação. Também teve em consideração os diferentes desafios enfrentados pelos funcionários das transportadoras de baixo custo na execução e adoção das práticas ecológicas, a forma como estas afectam o seu desempenho enquanto empresa, os custos em que incorreram, as preocupações e questões no processo da sua implementação e a forma como afectam a produtividade e a eficiência dos funcionários que as vão executar. Também se procura saber se existe uma relação ou diferença entre o grau de implementação das práticas ecológicas e o perfil dos participantes que as vão executar.

O estudo foi realizado de maio de 2016 a outubro de 2016, com uma amostra de 350 participantes. Os funcionários (gestores e equipas de terra) de transportadoras aéreas de baixo custo selecionadas no âmbito do tratamento de passageiros (balcões de check-in, portas de embarque, terra e administração) nas Filipinas foram considerados como participantes neste estudo. A enumeração total foi de 96,57%, ou seja, 338 inquiridos dos 350 dados recolhidos, pelo que não foi utilizada qualquer técnica de amostragem. A recolha de dados foi efectuada através de um inquérito. Foi também tida em consideração a avaliação do grau de implementação de práticas ecológicas em termos de conservação de energia, segregação e reciclagem da gestão de resíduos, actividades de escritório, bem como os desafios que enfrentaram e as oportunidades que lhes estão reservadas. Foi utilizada estatística descritiva para descrever o perfil dos participantes, bem como as suas práticas ecológicas, o grau de implementação, os desafios que enfrentaram e as oportunidades que os esperam na sua adoção. A análise de variância, em particular o qui-quadrado, foi utilizada na interpretação dos dados, a fim de identificar se existe uma relação significativa ou diferenças entre os perfis demográficos dos participantes e o grau de implementação de práticas ecológicas.

A maioria dos participantes (63,3%) pertence à faixa etária dos 21 aos 25 anos. Sessenta e dois dos trezentos e trinta e oito pertencem à faixa etária dos 20 anos ou menos (18,3%). Quarenta e cinco dos trezentos e trinta e oito pertencem à faixa etária dos 26 aos 30 anos (13,3%) e apenas dezassete deles pertencem à faixa etária dos 31 aos 35 anos, o que equivale a 5,0% da amostra total. Em termos de género, cento e vinte e dois dos trezentos e trinta e oito participantes são do sexo masculino (36,1%). Duzentos e dezasseis são do sexo feminino, ou seja, 63,9%. No perfil demográfico baseado no número de participantes por companhia aérea, mais de metade dos participantes trabalhavam na companhia aérea A (59%). Na companhia aérea B, 78 dos 338 foram inquiridos, enquanto 60 eram da companhia aérea C. Isto também mostra que a companhia aérea A tem o maior número de empregados em comparação com as outras duas companhias aéreas. Quanto ao perfil demográfico com base no cargo, a maioria dos participantes era tripulação, enquanto apenas 24 dos 338 eram gestores. Com base nos dados recolhidos, o rácio entre gestores e tripulantes é de 1:13. Relativamente ao tempo de serviço dos participantes, a maioria dos trabalhadores tem menos de 2 anos de experiência. Os resultados coincidem com as idades dos inquiridos, uma vez que a maioria deles tem idades compreendidas entre os 21 e os 25 anos. Cento e vinte participantes, ou seja, 35,5%, estão empregados há mais de um ano ou dois anos. Os participantes que trabalham na companhia aérea há mais de dois anos a três anos são vinte e sete, ou seja, 8,0%. Enquanto vinte e nove ou 8,6% estão na empresa há mais de três a quatro anos. Dez ou 3,0 dos inquiridos estão ao serviço há mais de quatro anos a cinco anos. Vinte e quatro dos trezentos e trinta e oito trabalharam mais de 5 anos na empresa.

Os aspectos ambientais mais significativos que têm grande impacto no sector do turismo e da hotelaria são os seguintes (a) energia utilizada (b) resíduos sólidos. Com esta constatação, as transportadoras de baixo custo, no departamento de assistência a passageiros, criaram actividades que reduzirão consideravelmente o impacto adverso das operações quotidianas das companhias aéreas. As referidas actividades foram orientadas para a conservação de energia, gestão de resíduos - segregação, gestão de resíduos - reciclagem, materiais de papel e actividades de escritório.

As práticas verdes - "Conservação de energia, Gestão de resíduos - Reciclagem, Gestão de resíduos - Separação e Actividades de escritório foram retiradas das práticas verdes de escritório das companhias aéreas e de outros estabelecimentos de escritório. Os resultados mostraram que todos os participantes praticavam moderadamente as condições indicadas. A média mais elevada (3,08) foi atribuída aos resíduos de papel, jornais, garrafas de vidro/plástico e latas que são recolhidos, separados, reciclados e vendidos. A classificação média mais baixa foi atribuída à reciclagem de cartuchos de toner para impressoras (2,71). Isto deve-se ao facto de apenas alguns dos participantes estarem inclinados para trabalhos de impressão nas companhias aéreas.

Em termos de actividades de escritório, os participantes praticam sempre a utilização de papéis de rascunho, enquanto a implementação de relatórios sem papel é praticada de forma moderada. A média e o desvio padrão para as duas actividades foram de 3,36, 2,73 e 0,738, 0,813, respetivamente.

Em termos de Desafios - Custo, Implementação, Produtividade e Eficiência, os participantes "concordam fortemente" que a empresa incorrerá em despesas adicionais com a formação da tripulação/gestor de terra (3,28) e com matérias-primas (3,32). Entretanto, apenas "concordam" que haverá custos adicionais no investimento em equipamento energeticamente eficiente (3,07), na instalação de iluminação LED (2,96) e na utilização de fontes alternativas de energia (2,84).

Os participantes "concordam fortemente" em termos do empenho da tripulação em seguir consistentemente o conjunto de normas e do empenho dos gestores em verificar e monitorizar consistentemente a conformidade da tripulação, com valores médios de 3,35 e 3,28, respetivamente. Além disso, em termos de participação na formação (3,24), a atribuição de tarefas específicas à tripulação (3,21) e a organização de uma equipa para assumir a liderança (3,04) obtiveram classificações equivalentes a "concordo".

Todas as afirmações no âmbito da produtividade e eficiência obtiveram classificações de "concordo" com valores médios que variam entre 2,50 e 3,24. Especificamente, a média mais elevada obtida foi para membros da tripulação com boa formação e conhecimentos (3,11), equipamento funcional de apoio às práticas ecológicas (2,98), avaliação da execução das práticas ecológicas iniciadas (2,97) e documentação das auditorias auto-iniciadas sobre a conformidade com as normas estabelecidas (2,96). Os participantes classificaram este parâmetro com uma classificação global de 3,00, o que indica claramente que os participantes concordaram com as práticas verdes enumeradas.

Os participantes concordaram que as oportunidades são as seguintes. A criação de um ambiente mais saudável deve ser o principal objetivo, de acordo com a perceção dos participantes, com um valor médio de 3,30 classificado como "concordo totalmente". Além disso, também concordaram com a redução do risco ambiental (3,24), a melhoria da imagem pública e das relações com a comunidade (3,23), o aumento da confiança entre as partes interessadas (3,22), a melhoria contínua (3,20), o reforço da posição de liderança para a implementação de práticas ecológicas (3,18), os factores de produção básicos para alterações (3,13) e a criação de máquinas (3,09).

A relação entre o perfil demográfico dos participantes e o grau de implementação em termos de idade mostrou que existe uma elevada significância em relação às diferentes actividades enumeradas. Os trabalhadores mais jovens têm um nível mais elevado de implementação de práticas ecológicas, ao passo que os trabalhadores com menos idade têm um desempenho inferior em comparação com os outros.

Em termos de sexo, os homens têm um nível mais baixo de práticas ecológicas do que as mulheres em matéria de conservação de energia, gestão de resíduos e actividades de escritório. De um modo geral, o sexo está significativamente relacionado com as práticas ecológicas. Obtiveram-se resultados altamente significativos para as três actividades (p-value <0,01). No entanto, o sexo não está significativamente relacionado com a gestão de resíduos - segregação, com um valor de p superior a 0,05.

Em termos de empresa, a companhia aérea C obteve o nível mais elevado de implementação de práticas ecológicas em comparação com as outras duas companhias aéreas. A empresa em que trabalhavam está significativamente relacionada com a implementação de práticas ecológicas. Todos os valores de p calculados foram inferiores a 0,01.

Em termos de posição, a posição dos participantes está significativamente relacionada com a implementação de práticas ecológicas em termos de conservação de energia -

reduzir e gestão de resíduos - segregar, uma vez que os valores de p calculados foram inferiores a 0,01. Isto implica que a equipa tem um nível de implementação mais elevado do que os gestores. Por outro lado, a posição não está significativamente relacionada com as práticas ecológicas em termos de gestão de resíduos - reciclagem e actividades de escritório.

Em termos de tempo de serviço, reflecte a relação entre o tempo de serviço e a implementação de práticas ecológicas. Os resultados mostraram que a sua relação é altamente significativa. Em termos de conservação/redução de energia, gestão de resíduos - segregação, gestão de resíduos - reciclagem e actividades de escritório, os valores de p foram todos inferiores a 0,01. Além disso, os trabalhadores com menos anos de experiência têm um nível mais elevado de implementação de práticas ecológicas.

Conclusão

Com base no resumo apresentado, o proponente concluiu que o LCC inquirido selecionado adopta práticas ambientais na sua operação, mas de forma moderada. Isto denota que o pessoal da companhia aérea do referido LCC não está constantemente a implementar práticas que sejam benéficas para o ambiente.

Os desafios que os CCL enfrentaram foram o custo, a organização de uma equipa ou esquadrão para assumir a liderança, a documentação das auditorias auto-iniciadas sobre a conformidade com as normas, como as principais razões que impediram a adoção de práticas ecológicas.

O proponente ou os participantes selecionaram a instalação de painéis solares como uma fonte alternativa de energia com a média mais baixa, porque não havia realmente nenhuma prática de instalação de energias renováveis como fonte de energia em nenhum dos terminais do aeroporto de Manila onde os dados foram recolhidos.

Outro desafio foi a falta de organização de uma equipa ou esquadrão para assumir a liderança na adoção dos desafios ecológicos, uma vez que não existiam políticas concretas implementadas sobre a prática de práticas ecológicas entre as empresas participantes.

Uma vez que não existe uma política definida relativamente à aplicação, por parte de transportadoras de baixo custo selecionadas nas Filipinas, da documentação de auditorias auto-iniciadas sobre a conformidade com as normas, é por isso que, obviamente, obteve a média mais baixa de 3,04

Um dos benefícios vistos pelos participantes foi a criação de um ambiente mais saudável, que obteve a média mais elevada de 3,30. A redução do risco ambiental é um dos benefícios que os participantes acreditam que irão obter, tendo obtido 3,24 como segunda média mais elevada, e a melhoria da imagem pública e das relações com a comunidade é um dos três principais benefícios que irão obter com a sua implementação, tendo obtido 3,23 como pontuação média.

Por último, o proponente descobriu que a idade dos inquiridos está significativamente relacionada com a conservação de energia, a segregação e reciclagem da gestão de resíduos e as actividades de escritório, enquanto os homens apresentam um nível mais baixo de conformidade com as práticas ecológicas do que as mulheres. De um modo geral, o sexo está significativamente relacionado com as práticas ecológicas.

Em termos de empresa, a Companhia Aérea C obteve o nível mais elevado de implementação de práticas ecológicas em comparação com as outras duas companhias aéreas, porque estas estão incorporadas no código de conduta dos empregados.

A posição dos participantes está significativamente relacionada com a implementação de práticas ecológicas em termos de conservação/redução de energia e de segregação da gestão de resíduos. Isto implica ainda que a tripulação tem um nível de implementação mais elevado do que os gestores, uma vez que o rácio entre os gestores e a tripulação é de 1:13. Por outro lado, a posição não está significativamente relacionada com as práticas ecológicas em termos de gestão de resíduos - reciclagem e actividades de escritório, uma vez que as práticas mencionadas já foram adoptadas na maioria dos escritórios em todo o mundo.

A relação entre o tempo de serviço e a implementação de práticas ecológicas revelou ser altamente significativa. Além disso, os trabalhadores com menos anos de experiência têm um nível mais elevado de aplicação de práticas ecológicas.

Recomendações

Com os resultados deste estudo, foram formuladas as seguintes recomendações:

Governo

- A CAAP (Autoridade de Aviação Civil das Filipinas) deve reforçar as suas políticas em matéria de Sistema de Gestão Ambiental (SGA) como parte dos requisitos das companhias aéreas para a renovação das suas licenças de funcionamento. A CAAP deve ser a agência que controla de forma consistente a conformidade das companhias aéreas com as práticas ecológicas estabelecidas.

- Criar agências de defesa do ambiente que se dediquem aos efeitos nocivos dos transportes, especialmente no que respeita às operações das companhias aéreas.

- Realizar regularmente reuniões/orientações e acções de formação para os diferentes LCC sobre as políticas definidas no sistema de gestão ambiental, de modo a reforçar o empenho dos LCC na criação das suas próprias políticas ambientais mais claras.

- Fornecer mais informações através da utilização de publicidade ou das redes sociais para aumentar a sensibilização do público para as questões ambientais.

- Prosseguir com a instalação de fontes de energia renováveis, como os painéis solares,

Companhias aéreas

• O estudo recomenda a criação e o desenvolvimento de uma política de práticas ecológicas do Departamento de Tratamento de Passageiros das transportadoras de baixo custo das Filipinas para as outras LCC e FSC (Full-Service Carriers), não só nas Filipinas, mas também para as companhias aéreas de todo o mundo.

• Assegurar a afetação de dotações orçamentais para a formação de mão de obra e a aquisição de novas tecnologias para a execução eficaz de práticas ecológicas.

• O estudo propõe-se melhorar continuamente as suas práticas ecológicas, maximizando a utilização do seu departamento de desenvolvimento da investigação e adoptando globalmente as práticas ecológicas da International Airlines, de acordo com o que for considerado necessário nas suas operações.

- Devem ser organizados regularmente orientações/seminários e acções de formação para garantir o empenho do pessoal das companhias aéreas na adoção de práticas ecológicas nas suas operações quotidianas.

Gestores de companhias aéreas

• O estudo recomenda aos gestores que *"façam o que dizem"*, uma vez que se registaram inconsistências no resultado da implementação das práticas ecológicas pelos gestores no departamento de assistência a passageiros.

• Compromisso dos gestores para garantir que as equipas cumprem a adesão à execução de práticas ecológicas.

Pessoal de terra das companhias aéreas

• O estudo recomenda às equipas de terra e de assistência aos passageiros que sejam coerentes com a aplicação de práticas ecológicas

• Compromisso por parte das equipas de terra em cumprir de forma consistente a execução das práticas ecológicas.

• Ter pleno conhecimento dos procedimentos de práticas ecológicas existentes.

Futuro investigador

- Estudos futuros centrados na análise das práticas ecológicas de tratamento de passageiros nas transportadoras de serviço completo e das práticas ecológicas das transportadoras de baixo custo no lado ar (a bordo, eficiência do combustível e controlo das emissões das aeronaves).

REFERÊNCIAS

Abut, F. (2012). *Práticas ecológicas na cozinha de hotéis stewarding.* (Tese de mestrado não publicada). Universidade das Mulheres das Filipinas, Manila.

Annis, B. (2015). "Inteligência de género". Revista Mulheres de Influência, n.d. Web. 4 Abr. 2015. Recuperado de: http://businessstatistics.us/iwa-gender-intelligence-and.pdf.

Asinjo, D. (2011). Gestão ambiental em modelos de aeroportos sustentáveis. Um documento de pesquisa. Programa de Administração Pública na Escola de Pós-Graduação, Sothern Illinois University Carbondale. Recuperado de: https://pdfs.semanticscholar.org/10ce/1595e0fB909f7b27f780a92f3a5df256facf.pdf.

Atienza, V. (2011). Revisão do sistema de gestão de resíduos nas Filipinas: Initiatives to Promote Waste Segregation and Recycling through Good Governance (Iniciativas para promover a segregação e a reciclagem de resíduos através da boa governação). Obtido em: http://www.nswai.com/DataBank/Reports_pdf/reports_augl5/Review%20of D/o20the% 20Waste%20Management%20System%20in%20the%20Philippines.pdf

Cekanavicius, L., Bazyte, R., Dicmonaite, A. (2014). *Green Business: Challenges and Practices.* Faculdade de Economia, Departamento de Métodos Quantitativos e Modelação. Universidade de Vilnius

Chang, D. (2015). Identificação de Fatores Estratégicos da Implantação da RSE no Setor de Companhias Aéreas: The Case of Asia-Pacific Airlines. Recuperado de: http://www.mdpi.eom/2071-1050/7/6/7762/pdf

Chen, C. (2015). Incorporando compras verdes no quadro da ISO 14000. *Journal of Cleaner Production, 13(9),* 927-933.

Doody, H. (2014). *Quais são as barreiras à implementação de práticas ambientais na indústria hoteleira irlandesa.* A Literature Review. Faculdade de Gestão Hoteleira de Shannon.

Administração Federal da Aviação. (2013). Reciclagem, reutilização e redução de resíduos nos aeroportos. Um documento de síntese. Preparado pelo Gabinete dos Aeroportos. Administração Federal da Aviação. Retrieved from:

https://www.faa.gov/airports/resources/publications/reports/environmental/media/Rec yclingSynthesis2013.pdf.

Gatari, C., Were, S. (2014). *Desafios enfrentados pela implementação de aquisições ecológicas no sector da indústria transformadora no Quénia: Um estudo de caso da Unga Limited Kenya.* Jornal Europeu de Gestão Empresarial. Vol. 2, Número 1, 2014

GhulamRabbany, Md., Afrin, S. et al. (2013). Efeitos ambientais do turismo. Revista Americana de Meio Ambiente, Energia e Pesquisa de Energia. Vol. 1, No.7, setembro de 2013, PP:117-130, ISSN:2329-860X. Recuperado de: http://www.ajeepr.com.

Gill, M. (2016). *Aviation Benefits Beyond Borders (Benefícios da aviação para além das fronteiras).* Relatório do Grupo de Ação para o Transporte Aéreo.

Recuperado de:

http://aviationbenefits.org/../ATAG__AviationBenefits2014_FULL_LowRes.pdf

Gleave, S. (2015). *Estudo sobre o emprego e as condições de trabalho nos transportes aéreos e nos aeroportos.* Recuperado de: http://ec.europa.eu/transport/sites/transport/files/modes/air/studies/doc/2015-10-

employment-and-working-conditions-in-air-transport-and-airports.pdf

IATA (2015). Programa de Compensação de Carbono da IATA. Versão 2.0. Montreal, Canadá Recuperado de: https://www https://www.iata.org/whatwedo/environment/Documents/carbon- offset-program-faq-airline-participants.pdf.

IATA (2014). Desempenho económico do sector das companhias aéreas. Relatório de fim de ano de 2014. Recuperado de: http://www.iata.org/economics.

ICAO (2012). *Relatório sobre as práticas do sistema de gestão ambiental (EMS) no sector da aviação.* Primeira edição - 2012 Organização da Aviação Civil Internacional. Montreal, Canadá

Isakkson, K. (2012). O desafio e a adoção de iniciativas ecológicas para os transportes e

Prestadores de serviços de logística. Recuperado de: http://liu.diva-

portal.org/smash/get/diva2:479727/FULLTEXT01.pdf

Julkunen, H. (2011). Green Office: Sistema de Gestão Ambiental para Organizações Sustentáveis. Uma iniciativa da WWF para reduzir a pegada ecológica.

Obtido em: https://wwf.fi/mediabank/1414.pd.

Law, C. & Doerflein, M. (2013). *Introdução ao serviço de terra da companhia aérea.* Cengage Leraning Asia; 1st Edição. ISBN-10: 9814455970.

Mathies, Dr. C & Burford, M. (2011). Gender Differences in the Customer Service Understanding of Frontline Employees (Diferenças de género na compreensão do serviço ao cliente por parte dos funcionários da linha da frente). Retrieved from:

http://www.anzmac.org/conference_archive/2010/pdf/anzmacl0Final00416.pdf

Merron, K. (2010). Diversidade no local de trabalho. Retrieved from:

http://www.thefiscaltimes.com/Articles/2012/Q5/25/How-Men-and-Women-Differ-in-the-W orkplace#sthash.DTZyB Gc9.dpuf

Mielach, D. (2012). Práticas ecológicas e produtividade dos trabalhadores andam de mãos dadas, conclui estudo. Artigo do Business News Daily. Recuperado de: http://www.huffingtonpost.com/2012/09/ll/green-practices-productivity-study_n_1874529.html.

Morelli, J. (2011). Sustentabilidade Ambiental: Uma definição para profissionais da área ambiental. Journal ofEnvironmental Sustainability. Recuperado de: http://scholarworks.rit.edu/cgi/viewcontent.cgi?article= 1007&context=jes.

Oxford Economics (2011). *Economic Benefits from Air Transport in the Philippines (Benefícios económicos do transporte aéreo nas Filipinas).* Relatório da Oxford Economics.

Obtido em: https://www.iata.org/policy/Documents/Benefits-of-Aviation-Philippines-2011.pdf

Ruf et al. (2008). Investidores institucionais, responsabilidade social corporativa e desempenho do preço das ações. Graduate School ofEconomics. Universidade de Kyushu.

Saadatian, O. (2010). Identificação de desafios na implementação de práticas sustentáveis numa nação em desenvolvimento. Retrieved from:

http://citeseerx.ist.psu.edu/viewdoc/download?doi=10.1.1.662.3410&rep=repl&type

=pdf.

Smith, C. (2014). O impacto económico dos aeroportos comerciais em 2013.

Obtido em: http://airportsforthefuture.org/files/2014/09/Economic-Impact-of-Commercial-Aviation-2013.pdf.

Sutherland, D. (2010). Corporate Social Responsibility in China's Largest TNCS.

International House, University ofNottingham Wollaton Road Nottingham, Reino Unido.

ONUDI (2015). Guia sobre a Integração do Género: Projectos de Gestão Ambiental Obtido de:

https://www.unido.org/fileadmin/user_media_upgarde7What_we_do/Topics/Women and_Youth/Gender_Environmental_Management_Projects.pdf

Vergara, R. (2015). Práticas verdes de restaurantes de serviço rápido selecionados em Cavite: Challenges and Opportunities. Dissertação de Mestrado. Universidade Lyceum of the Philippines - Campus de Cavite.

Vidovic, A., Stimac, & Vince, D. (2013). *Desenvolvimento de modelos de negócios de companhias aéreas de baixo custo. International Journal for Traffuc and Transportation Engineering, 2013, 3(1):69-81*

APÊNDICES

APÊNDICE 1

Comunicações

(Autorização para a realização de entrevistas e consentimento informado para os participantes na investigação)

December 09, 2015

Mr. Richard Langkay
Learning and Development Officer
DNATA Inc. Philippines

Dear Sir:

Greetings in Veritas et Fortitudo!

This is in reference to my research study entitled "Green Practices of Airline Passenger Handling in Selected Low Cost Carriers in the Philippines". I would appreciate if you could check the accuracy and completeness of my research instrument. Your comments and approval would significantly contribute for further improvement of the said instrument. Below are some important details for your guidance and reference.

Objectives of the Study:

The study is geared towards determining the different Green Practices of Airline Passenger Handling in Selected Low Cost Carriers in the Philippines and how these practices affect these airlines.

Specifically, the study aims to:

1. Describe the profile of the participants in terms of: age, gender, position, length of service;

2. Determine the different green practices of selected LCCs in the area of passenger handling;

3. Determine the extent of implementation of these green practices;

4. Determine the challenges that LCCs are facing in the adoption of green practices in terms of: cost, implementation, and efficiency and productivity;

5. Determine the opportunities in stored for selected LCCs in the area of passenger handling in green practices implementation;

6. Determine the relationship between the demographic profile of participants and the extent of implementation of the green practices of Low Cost Carriers in the area of passenger handling;

7. Determine if there are significant differences in the extent of implementation as the respondents are grouped according to profile.

Methodology:

The descriptive research design will be utilized to assess the Green management practices implementation to Low Cost Carriers in the passenger handling area in the Philippines and the challenges it impose and the opportunities it bring in its adoption. It describes data and characteristics about the population or phenomenon being studied. For this study, the perception of the participants about the green practices implementation will be determined. Data gathering in the form of questionnaire will be conducted in order to attain the objectives of the study. This questionnaire includes the basic information about the profile of the employees, their name, age, gender, position, function or their key result areas, and tenure to the company. The questionnaire also includes their perception about Green Management practices of the LCCs in the passenger handling area, its impacts, challenges and opportunities.

Participants:

The participants of the study would be the employees (managers and crew) who are working in the passenger handling area (airline offices, landside (check-in area, boarding gates) covering the research time timetable which is from Jan to March 2016.

Thank you very much for your help and support.

Sincerely,

Arthur B. Digman II

Noted by:

Ms. Jocelyn Y. Camalig
Research Adviser

Approved by:

Mr. Richard Langkay
Learning and Development Officer
DNATA Inc. Philippines

December 09, 2015

Mr. Gilbert Wesley Gallardo
Quality Assurance Officer,
Station Duty Officer,
Line Trainer/Baggage Services
DNATA Inc. Philippines

Dear Sir:

Greetings in Veritas et Fortitudo!

This is in reference to my research study entitled "Green Practices of Airline Passenger Handling in Selected Low Cost Carriers in the Philippines". I would appreciate if you could check the accuracy and completeness of my research instrument. Your comments and approval would significantly contribute for further improvement of the said instrument. Below are some important details for your guidance and reference.

Objectives of the Study:

The study is geared towards determining the different Green Practices of Airline Passenger Handling in Selected Low Cost Carriers in the Philippines and how these practices affect these airlines.

Specifically, the study aims to:

1. Describe the profile of the participants in terms of: age, gender, position, length of service;

2. Determine the different green practices of selected LCCs in the area of passenger handling;

3. Determine the extent of implementation of these green practices;

4. Determine the challenges that LCCs are facing in the adoption of green practices in terms of: cost, implementation, and efficiency and productivity;

5. Determine the opportunities in stored for selected LCCs in the area of passenger handling in green practices implementation;

6. Determine the relationship between the demographic profile of participants and the extent of implementation of the green practices of Low Cost Carriers in the area of passenger handling;

7. Determine if there are significant differences in the extent of implementation as the respondents are grouped according to profile.

Methodology:

The descriptive research design will be utilized to assess the Green management practices implementation to Low Cost Carriers in the passenger handling area in the Philippines and the challenges it impose and the opportunities it bring in its adoption. It describes data and characteristics about the population or phenomenon being studied. For this study, the perception of the participants about the green practices implementation will be determined. Data gathering in the form of questionnaire will be conducted in order to attain the objectives of the study. This questionnaire includes the basic information about the profile of the employees, their name, age, gender, position, function or their key result areas, and tenure to the company. The questionnaire also includes their perception about Green Management practices of the LCCs in the passenger handling area, its impacts, challenges and opportunities.

Participants:

The participants of the study would be the employees (managers and crew) who are working in the passenger handling area (airline offices, landside (check-in area, boarding gates) covering the research time timetable which is from Jan to March 2016.

Thank you very much for your help and support.

Sincerely,

Arthur B. Digman II

Noted by:

Ms. Jocelyn Y. Camalig
Research Adviser

Approved by:

Mr. Gilbert Wesley Gallardo
Quality Assurance Officer,
Station Duty Officer,
Line Trainer/Baggage Services
DNATA Inc. Philippines

December 09, 2015

Dr. Lilibeth C. Aragon
Dean, College of International Tourism and Hospitality Management
Lyceum of the Philippines University - Manila

Dear Ma'am:

Greetings in Veritas et Fortitudo!

This is in reference to my research study entitled "Green Practices of Airline Passenger Handling in Selected Low Cost Carriers in the Philippines". I would appreciate if you could check the accuracy and completeness of my research instrument. Your comments and approval would significantly contribute for further improvement of the said instrument. Below are some important details for your guidance and reference.

Objectives of the Study:

The study is geared towards determining the different Green Practices of Airline Passenger Handling in Selected Low Cost Carriers in the Philippines and how these practices affect these airlines.

Specifically, the study aims to:

1. Describe the profile of the participants in terms of: age, gender, position, length of service;

2. Determine the different green practices of selected LCCs in the area of passenger handling;

3. Determine the extent of implementation of these green practices;

4. Determine the challenges that LCCs are facing in the adoption of green practices in terms of: cost, implementation, and efficiency and productivity;

5. Determine the opportunities in stored for selected LCCs in the area of passenger handling in green practices implementation;

6. Determine the relationship between the demographic profile of participants and the extent of implementation of the green practices of Low Cost Carriers in the area of passenger handling;

7. Determine if there are significant differences in the extent of implementation as the respondents are grouped according to profile.

Methodology:

The descriptive research design will be utilized to assess the Green management practices implementation to Low Cost Carriers in the passenger handling area in the Philippines and the challenges it impose and the opportunities it bring in its adoption. It describes data and characteristics about the population or phenomenon being studied. For this study, the perception of the participants about the green practices implementation will be determined. Data gathering in the form of questionnaire will be conducted in order to attain the objectives of the study. This questionnaire includes the basic information about the profile of the employees, their name, age, gender, position, function or their key result areas, and tenure to the company. The questionnaire also includes their perception about Green Management practices of the LCCs in the passenger handling area, its impacts, challenges and opportunities.

Participants:

The participants of the study would be the employees (managers and crew) who are working in the passenger handling area (airline offices, landside (check-in area, boarding gates) covering the research time timetable which is from Jan to March 2016.

Thank you very much for your help and support.

Sincerely,

Arthur B. Digman II

Noted by:

Ms. Jocelyn Y. Camalig
Research Adviser

Approved by:

Dr. Lilibeth C. Aragon
Dean, College of International Tourism and Hospitality Management
Lyceum of the Philippines University - Manila

April 20, 2016

Dr. Romina R. Barcarse
Dean, College of Allied Medical Sciences
Lyceum of the Philippines University - Cavite

Dear Ma'am:

Greetings in Veritas et Fortitudo!

This is in reference to my research study entitled "Green Practices of Airline Passenger Handling in Selected Low Cost Carriers in the Philippines". I would appreciate if you could check the accuracy and completeness of my research instrument. Your comments and approval would significantly contribute for further improvement of the said instrument. Below are some important details for your guidance and reference.

Objectives of the Study:

The study is geared towards determining the different Green Practices of Airline Passenger Handling in Selected Low Cost Carriers in the Philippines and how these practices affect these airlines.

Specifically, the study aims to:

1. Describe the profile of the participants in terms of: age, gender, position, length of service;

2. Determine the different green practices of selected LCCs in the area of passenger handling;

3. Determine the extent of implementation of these green practices;

4. Determine the challenges that LCCs are facing in the adoption of green practices in terms of: cost, implementation, and efficiency and productivity;

5. Determine the opportunities in stored for selected LCCs in the area of passenger handling in green practices implementation;

6. Determine the relationship between the demographic profile of participants and the extent of implementation of the green practices of Low Cost Carriers in the area of passenger handling;

7. Determine if there are significant differences in the extent of implementation as the respondents are grouped according to profile.

Methodology:

The descriptive research design will be utilized to assess the Green management practices implementation to Low Cost Carriers in the passenger handling area in the Philippines and the challenges it impose and the opportunities it bring in its adoption. It describes data and characteristics about the population or phenomenon being studied. For this study, the perception of the participants about the green practices implementation will be determined. Data gathering in the form of questionnaire will be conducted in order to attain the objectives of the study. This questionnaire includes the basic information about the profile of the employees, their name, age, gender, position, function or their key result areas, and tenure to the company. The questionnaire also includes their perception about Green Management practices of the LCCs in the passenger handling area, its impacts, challenges and opportunities.

Participants:

The participants of the study would be the employees (managers and crew) who are working in the passenger handling area (airline offices, landside (check-in area, boarding gates) covering the research time timetable which is from Jan to March 2016.

Thank you very much for your help and support.

Sincerely,

Arthur B. Digman II

Noted by:

Ms. Jocelyn Y. Camalig
Research Adviser

Approved by:

Dr. Romina R. Barcarse
Dean, College of Allied Medical Sciences
Lyceum of the Philippines University - Cavite

APÊNDICE 2

Certificado de validação de instrumentação

(Estatístico, Análise Estatística, Instrumento/Questionários e Validação do Instrumento)

Assignment of Statistician

This is to inform that the research manuscript entitled:

Green Practices of Airline Passenger Handling in Selected Low Cost Carriers in the Philippines

submitted by:

_____Arthur B. Digman II_____
Proponent's Signature over Printed Name

with the degree <u>Master in International Hospitality Management</u> under the <u>Claro M. Recto Academy of Advanced Studies</u> has been duly assigned under your faculty for statistical analysis with respect to appropriate measurement tools and techniques.

Conforme:

_____LYNETTE P. RUE_____
Statistician's Signature over Printed Name

Date Signed: _____________
(mm/dd/yyyy)

Approved by:

_____ROMINA R. BARCARSE, PhD._____
Chairperson's Signature over Printed Name

Date Signed: _____________
(mm/dd/yyyy)

Note: Reproduce and distribute two (2) duly signed copies to Statistician and Chairperson (DOEA)

132

Certificate of Statistical Analysis

This is to certify that the research manuscript entitled:

Green Practices of Airline Passenger Handling in Selected
Low Cost Carriers in the Philippines

submitted by:

_______Arthur B. Digman II________

Proponent's Signature over Printed Name

for the degree <u>Master in International Hospitality Management</u> under the <u>Claro M. Recto Academy of Advanced Studies</u> has been tabulated and analyzed by the undersigned statistician with respect to appropriate measurement tools and techniques.

________LYNETTE P. RUE________

Statistician's Signature over printed name

Affiliation: LYFJSHS

Contact # : 09178514475

Date of Completion: 02/16/2017

(mm/dd/yyyy)

Bom dia!

Chamo-me Arthur B. Digman II e pertenço à Universidade Lyceum of the Philippines de Cavite. Estou atualmente a desenvolver uma investigação intitulada "Moving towards a greener approach: O caso de transportadoras aéreas de baixo custo selecionadas nas Filipinas". O seu objetivo é determinar as diferentes práticas de gestão ecológica das transportadoras aéreas de baixo custo selecionadas e avaliar os efeitos - positivos e negativos - da sua aplicação às companhias aéreas no tratamento dos seus passageiros. Assegure-se de que todas as suas respostas serão mantidas confidenciais.

I. Perfil do empregado

Nome:

Idade:

Género:

Loja:

Posição:

Função (área de resultados principais):

Tempo de serviço na empresa:

II. Práticas de gestão ecológica

1. Qual considera ser o principal problema ambiental que a sua comunidade local enfrenta atualmente, se é que existe algum? (Por questões ambientais refiro-me a aspectos que afectam o ambiente físico, como a conservação da energia e a poluição).

2. De todas as questões mencionadas, em que é que acha que o seu serviço (assistência a passageiros) tem um grande impacto?

3. Tem conhecimento dos sistemas de gestão ambiental ou do programa lEnvA (IATA Environmental Assessment)?

4. Tem conhecimento dos diferentes regulamentos que o governo está a impor em relação à sustentabilidade? Em caso afirmativo, que regulamentos estão a ser seguidos e apoiados pela sua companhia aérea?

5. O seu serviço dispõe de uma política ambiental? Em caso afirmativo, qual é a política?

6. O seu serviço implementa programas orientados para a proteção do ambiente? Em caso afirmativo, quais são esses programas e que questões ambientais específicas aborda(m)?

7. Estes programas são iniciados pelos funcionários do seu departamento ou pela gestão de topo (sede)?

8. Estes programas são implementados apenas num departamento específico ou em todos os departamentos a nível mundial?

9. Quais são as actividades específicas (actividades Go Green) que estão a ser realizadas pelo seu serviço para resolver os problemas ambientais?

10. Na sua opinião, quais são os efeitos da implementação de práticas de gestão ecológica no seu serviço (assistência a passageiros)?

11. Quais são os desafios e oportunidades da implementação destas práticas ecológicas no seu departamento ou na sua companhia aérea como um todo?

Instruções gerais: Preencha os campos a seguir assinalando a casa correspondente à sua resposta. Por favor, responda às perguntas da melhor forma possível. Agradecemos desde já.

Parte I: Perfil do trabalhador

Nome: (opcional) ___________________

Idade: ______ Sexo:

	Masculino
	Feminino

Posição:

	Tripulação
	Diretor

Empresa:

	PAL Express
	Cebu Pacific
	Air Asia
	Filipinas

Tempo de serviço:

	6 meses - 1 ano
	Mais de 1 ano - 2 anos
	Mais de 2 anos - 3 anos
	Mais de 3 anos - 4 anos
	Mais de 4 anos - 5 anos
	5 anos ou mais

Parte II: Práticas ecológicas das transportadoras de baixo custo

Seguem-se as actividades iniciadas pelas transportadoras de baixo custo selecionadas para apoiar a proteção e a preservação do ambiente. Por favor, assinale a caixa que corresponde ao seu entendimento e acordo sobre as actividades que estão a ser praticadas na sua loja com os seguintes parâmetros:

4 - Sempre praticou

3 - Moderadamente praticado

2 - Ligeiramente praticado

1 - Nunca praticou

Conservação de energia - Reduzir	4	3	2	1
1. Substituição das lâmpadas LED do sistema de iluminação tradicional				
2. Utilizar a luz natural sempre que possível.				
3. Instalação de painéis solares como fonte alternativa de energia.				
4. Os computadores são desligados quando não estão a ser utilizados.				
5. A ventilação natural está a ser utilizada sempre que possível.				
6. As luzes dos gabinetes são desligadas durante a pausa para almoço				

(1200-1300).				
Gestão de resíduos - Segregação				
1. Os resíduos que podem ser reciclados são separados.				
2. Segregação dos resíduos sólidos nas seguintes categorias: "compostáveis", "residuais", "recicláveis" ou "resíduos especiais (tais como resíduos de cuidados de saúde, resíduos tóxicos e perigosos, resíduos volumosos ou electrodomésticos)", incluindo ou conforme considerado adequado pelo estabelecimento.				
Gestão de resíduos - Reciclagem				
1. Os resíduos de papel, jornais, garrafas de vidro/plástico e latas são recolhidos, separados, reciclados e vendidos.				
2. Os cartuchos de toner para impressora usados são reciclados.				
3. A sinalização eléctrica está a ser utilizada.				
4. Os fornecedores são incentivados a utilizar materiais não tóxicos				
Actividades do escritório				
1. São utilizadas folhas de rascunho.				
2. Implementação de relatórios sem papel para todos os funcionários.				

Outra(s) prática(s): (especificar)

____

____

____

____

Parte III. Desafios e oportunidades

Segue-se uma lista dos diferentes desafios que a loja enfrenta na implementação de actividades que respeitam o ambiente, bem como das oportunidades que a loja tem na sua adoção. Por favor, assinale a caixa que corresponde à sua resposta utilizando os seguintes parâmetros:

4 - Concordo totalmente

3 - Concordo

2 - Não concordo

1 - Discordo totalmente

DESAFIOS

Custo	4	3	2	1
A companhia aérea incorrerá em despesas adicionais para:				
1. Formação da tripulação de terra/dos gestores				
2. Matérias-primas (por exemplo, etiquetas de bagagem, cartões de embarque)				
3. Investir em equipamento energeticamente eficiente				
4. Instalação de iluminação LED				
5. utilização de fontes alternativas de energia (por exemplo, painel				

solar)				
Implementação	4	3	2	1
1. Participação na formação sobre práticas ecológicas (para a equipa e o gestor)				
2. Empenho da tripulação em seguir sistematicamente o conjunto de normas				
3. Empenho dos gestores em verificar e controlar constantemente a conformidade da tripulação com as normas estabelecidas				
4. Afetação de uma equipa a uma tarefa específica para garantir a execução adequada de práticas ecológicas (por exemplo, monitorização do equipamento)				
5. Organizar uma equipa ou esquadrão para assumir a liderança na implementação de práticas ecológicas				
Produtividade e eficiência	4	3	2	1
1. O equipamento funcional de apoio às práticas ecológicas é funcional				
2. Membros da equipa bem formados e com conhecimentos para executar as práticas ecológicas				
3. Avaliação da execução das práticas ecológicas iniciadas				
4. Documentação das auditorias auto-iniciadas sobre a conformidade com as normas estabelecidas				
OPORTUNIDADES	4	3	2	1
1. Melhoria contínua através de iniciativas de prevenção da poluição				
2. Reforçar a posição de liderança na implementação de práticas ecológicas				
3. Base para a introdução de alterações nos decretos municipais/cidades/provinciais				
4. Criação de um ambiente mais saudável				
5. Criação de máquinas ou equipamentos de apoio às práticas ecológicas nos escritórios				
6. Melhoria da imagem pública e das relações com a comunidade				
7. Redução dos riscos ambientais				
8. Aumento da confiança entre as partes interessadas				

Outros desafios e oportunidades (especificar): _____________________

December 09, 2015

Mr. Gilbert Wesley Gallardo
Quality Assurance Officer,
Station Duty Officer,
Line Trainer/Baggage Services
DNATA Inc. Philippines

Dear Sir:

Greetings in Veritas et Fortitudo!

This is in reference to my research study entitled "Green Practices of Airline Passenger Handling in Selected Low Cost Carriers in the Philippines". I would appreciate if you could check the accuracy and completeness of my research instrument. Your comments and approval would significantly contribute for further improvement of the said instrument. Below are some important details for your guidance and reference.

Objectives of the Study:

The study is geared towards determining the different Green Practices of Airline Passenger Handling in Selected Low Cost Carriers in the Philippines and how these practices affect these airlines.

Specifically, the study aims to:

1. Describe the profile of the participants in terms of: age, gender, position, length of service;

2. Determine the different green practices of selected LCCs in the area of passenger handling;

3. Determine the extent of implementation of these green practices;

4. Determine the challenges that LCCs are facing in the adoption of green practices in terms of: cost, implementation, and efficiency and productivity;

5. Determine the opportunities in stored for selected LCCs in the area of passenger handling in green practices implementation;

6. Determine the relationship between the demographic profile of participants and the extent of implementation of the green practices of Low Cost Carriers in the area of passenger handling;

7. Determine if there are significant differences in the extent of implementation as the respondents are grouped according to profile.

Methodology:

The descriptive research design will be utilized to assess the Green management practices implementation to Low Cost Carriers in the passenger handling area in the Philippines and the challenges it impose and the opportunities it bring in its adoption. It describes data and characteristics about the population or phenomenon being studied. For this study, the perception of the participants about the green practices implementation will be determined. Data gathering in the form of questionnaire will be conducted in order to attain the objectives of the study. This questionnaire includes the basic information about the profile of the employees, their name, age, gender, position, function or their key result areas, and tenure to the company. The questionnaire also includes their perception about Green Management practices of the LCCs in the passenger handling area, its impacts, challenges and opportunities.

Participants:

The participants of the study would be the employees (managers and crew) who are working in the passenger handling area (airline offices, landside (check-in area, boarding gates) covering the research time timetable which is from Jan to March 2016.

Thank you very much for your help and support.

Sincerely,

Arthur B. Digman II

Noted by:

Ms. Jocelyn Y. Camalig
Research Adviser

Approved by:

Mr. Gilbert Wesley Gallardo
Quality Assurance Officer,
Station Duty Officer,
Line Trainer/Baggage Services
DNATA Inc. Philippines

April 20, 2016

Dr. Romina R. Barcarse
Dean, College of Allied Medical Sciences
Lyceum of the Philippines University - Cavite

Dear Ma'am:

Greetings in Veritas et Fortitudo!

This is in reference to my research study entitled "Green Practices of Airline Passenger Handling in Selected Low Cost Carriers in the Philippines". I would appreciate if you could check the accuracy and completeness of my research instrument. Your comments and approval would significantly contribute for further improvement of the said instrument. Below are some important details for your guidance and reference.

Objectives of the Study:

The study is geared towards determining the different Green Practices of Airline Passenger Handling in Selected Low Cost Carriers in the Philippines and how these practices affect these airlines.

Specifically, the study aims to:

1. Describe the profile of the participants in terms of: age, gender, position, length of service;

2. Determine the different green practices of selected LCCs in the area of passenger handling;

3. Determine the extent of implementation of these green practices;

4. Determine the challenges that LCCs are facing in the adoption of green practices in terms of: cost, implementation, and efficiency and productivity;

5. Determine the opportunities in stored for selected LCCs in the area of passenger handling in green practices implementation;

6. Determine the relationship between the demographic profile of participants and the extent of implementation of the green practices of Low Cost Carriers in the area of passenger handling;

7. Determine if there are significant differences in the extent of implementation as the respondents are grouped according to profile.

Methodology:

The descriptive research design will be utilized to assess the Green management practices implementation to Low Cost Carriers in the passenger handling area in the Philippines and the challenges it impose and the opportunities it bring in its adoption. It describes data and characteristics about the population or phenomenon being studied. For this study, the perception of the participants about the green practices implementation will be determined. Data gathering in the form of questionnaire will be conducted in order to attain the objectives of the study. This questionnaire includes the basic information about the profile of the employees, their name, age, gender, position, function or their key result areas, and tenure to the company. The questionnaire also includes their perception about Green Management practices of the LCCs in the passenger handling area, its impacts, challenges and opportunities.

Participants:

The participants of the study would be the employees (managers and crew) who are working in the passenger handling area (airline offices, landside (check-in area, boarding gates) covering the research time timetable which is from Jan to March 2016.

Thank you very much for your help and support.

Sincerely,

Arthur B. Digman II

Noted by:

Ms. Jocelyn Y. Camalig
Research Adviser

Approved by:

Dr. Romina R. Barcarse
Dean, College of Allied Medical Sciences
Lyceum of the Philippines University - Cavite

APÊNDICE 3

Dados tabulados

Perfil demográfico dos participantes

	Frequência	Percentagem
20 e menos	62	18.3
21 a 25 anos	214	63.3
26a30 anos	45	13.3
Mais de 31 anos de idade	17	5.0
Total	338	100.0

Sexo	Frequência	Percentagem
Masculino	122	36.1
Feminino	216	63.9
Total	338	100.0

Empresa	Frequência	Percentagem
PAL Express	200	59.2
Cebu Pacific	78	23.1
Air Asia Filipinas	60	17.8
Total	338	100.0

Posição	Frequência	Percentagem
Tripulação	314	92.9
Diretor	24	7.1
Total	338	100.0

Tempo de serviço	Frequência	Percentagem
6 meses - 1 ano	128	37.9
Mais de 1 ano - 2 anos	120	35.5
Mais de 2 anos - 3 anos	27	8.0
Mais de 3 anos - 4 anos	29	8.6
Mais de 4 anos -5 anos	10	3.0
Mais de 5 anos	24	7.1
Total	338	100.0

Práticas ecológicas

Conservação de energia - Reduzir	Média	sd	Observações
1. Substituição das lâmpadas LED do sistema de	2.60	.952	PM

iluminação tradicional			
2. Utilizar a luz natural sempre que possível.	2.95	.917	PM
3. Instalação de painéis solares como fonte alternativa de energia.	2.25	1.078	PM
4. Os computadores são desligados quando não estão a ser utilizados.	3.12	.868	PM
5. A ventilação natural está a ser utilizada sempre que possível.	2.74	1.088	PM
6. As luzes dos gabinetes são desligadas durante a pausa para almoço (1200-1300).	2.34	1.073	SP
Média global	2.6677	.72370	PM

Observações:

Média	Interpretação
3.25-4.00	Sempre praticado
2.50-3.24	Moderadamente praticado
1.75-2.49	Ligeiramente praticado
1.00-1.74	Nunca praticou

Gestão de resíduos - Segregação	Média	sd	Observações
1. Os resíduos que podem ser reciclados são separados.	3.23	.771	PM
2. Segregação dos resíduos sólidos nas seguintes categorias: "compostáveis", "residuais", "recicláveis" ou "resíduos especiais (tais como resíduos de cuidados de saúde, resíduos tóxicos e perigosos, resíduos volumosos ou electrodomésticos)", incluindo ou conforme considerado adequado pelo estabelecimento.	3.20	.800	PM
Média global	3.2160	.70969	PM

Observações:

Média	Interpretação
3.25-4.00	Sempre praticado
2.50-3.24	Moderadamente praticado
1.75-2.49	Ligeiramente praticado
1.00-1.74	Nunca praticou

Gestão de resíduos - Reciclagem	Média	sd	Observações
1. Os resíduos de papel, jornais, garrafas de vidro/plástico e latas são recolhidos, separados, reciclados e vendidos.	3.08	.817	PM
2. Os cartuchos de toner de impressora usados são reciclados.	2.71	.870	PM

3. A sinalização eléctrica está a ser utilizada.	2.76	.828	PM
4. Os fornecedores são incentivados a utilizar materiais não tóxicos	2.79	.715	PM
Média global	2.8365	.62533	PM

Actividades do escritório	Média	sd	Observações
1. São utilizadas folhas de rascunho.	3.36	.738	AP
2. Implementação de relatórios sem papel para todos os funcionários.	2.73	.813	PM
Média global	3.0444	.67123	PM

Custo	Média	sd	Observações
A companhia aérea incorrerá em despesas adicionais para:			
1. Formação da tripulação de terra/dos gestores	3.28	.844	SA
2. Matérias-primas (por exemplo, etiquetas de bagagem, cartões de embarque)	3.32	.832	SA
3. Investir em equipamento energeticamente eficiente	3.07	.816	A
4. Instalação de iluminação LED	2.96	.796	A
5. utilização de fontes alternativas de energia (por exemplo, painel solar)	2.84	.799	A
Média global	3.0941	.64951	A

Implementação	Média	sd	Observações
1. Participação na formação sobre práticas ecológicas (para a equipa e o gestor)	3.24	.738	A
2. Empenho da tripulação em seguir sistematicamente o conjunto de normas	3.35	.636	SA
3. Empenho dos gestores em verificar e controlar constantemente a conformidade da tripulação com as normas estabelecidas	3.28	.824	SA
4. Afetação de uma equipa a uma tarefa específica para garantir a execução adequada de práticas ecológicas (por exemplo, monitorização do equipamento)	3.21	.763	A
5. Organizar uma equipa ou esquadrão para assumir a liderança na implementação de práticas ecológicas	3.04	.805	A
Média global	3.2237	.65507	A

Observações:

Média	Interpretação
3.25-4.00	Concordo totalmente
2.50-3.24	De acordo
1.75-2.49	Não concordo
1.00-1.74	Discordo totalmente

Produtividade e eficiência	Média	sd	Observações
1. O equipamento funcional de apoio às práticas ecológicas é funcional	2.98	.844	A
2. Membros da equipa bem formados e com conhecimentos para executar as práticas ecológicas	3.11	.797	A
3. Avaliação da execução das práticas ecológicas iniciadas	2.97	.834	A
4. Documentação das auditorias auto-iniciadas sobre a conformidade com as normas estabelecidas	2.96	.833	A
Média global	3.0037	.78290	A

Observações:

Média	Interpretação
3.25-4.00	Sempre praticado
2.50-3.24	Moderadamente praticado
1.75-2.49	Ligeiramente praticado
1.00-1.74	Nunca praticou

OPORTUNIDADES	Média	sd	Observações
1. Melhoria contínua através de iniciativas de	3.20	.767	A

prevenção da poluição			
2. Reforçar a posição de liderança na implementação de práticas ecológicas	3.18	.756	A
3. Base para a introdução de alterações nos decretos municipais/cidades/provinciais	3.13	.777	A
4. Criação de um ambiente mais saudável	3.30	.758	SA
5. Criação de máquinas ou equipamentos de apoio às práticas ecológicas nos escritórios	3.09	.832	A
6. Melhoria da imagem pública e das relações com a comunidade	3.23	.726	A
7. Redução dos riscos ambientais	3.24	.742	A
8. Aumento da confiança entre as partes interessadas	3.22	.729	A
Média global	3.1986	.69473	A

Observações:

Média	Interpretação
3.25-4.00	Concordo totalmente
2.50-3.24	De acordo
1.75-2.49	Não concordo
1.00-1.74	Discordo totalmente

Idade

Actividades	Valor do qui-quadrado	Coeficiente de contingência	valor de p	Observações
Conservação de energia - Reduzir	232.599	.638	.000	HS
Gestão de resíduos - Segregação	106.719	.490	.000	HS
Gestão de resíduos - Reciclagem	105.659	.488	.000	HS
Actividades do escritório	215.382	.624	.000	HS

HS - altamente significativo

Sexo

Actividades	Valor do qui-quadrado	Coeficiente de contingência	valor de p	Observações
Conservação de energia - Reduzir	13.337	.195	.004	HS
Gestão de resíduos - Segregação	4.805	.118	.187	NS
Gestão de resíduos - Reciclagem	40.617	.328	.000	HS
Actividades do escritório	48.889	.355	.000	HS

HS-Altamente significativo NS-Não significativo

Empresa

Actividades	Valor do qui-quadrado	Coeficiente de contingência	valor de p	Observações
Conservação de energia - Reduzir	26.350	.269	.000	HS
Gestão de resíduos - Segregação	34.172	.303	.000	HS
Gestão de resíduos - Reciclagem	59.872	.388	.000	HS
Actividades do escritório	69.584	.413	.000	HS

HS - altamente significativo

Posição

Actividades	Valor do qui-quadrado	Coeficiente de contingência	valor de p	Observações
Conservação de energia - Reduzir	13.699	.197	.003	HS
Gestão de resíduos - Segregação	*15.796*	*.211*	*.001*	*HS*
Gestão de resíduos - Reciclagem	.607	.042	.738	NS
Actividades do escritório	6.142	.134	.105	NS

HS-Altamente significativo NS-Não significativo

Tempo de serviço

Actividades	Valor do qui-quadrado	Coeficiente de contingência	valor de p	Observações
Conservação de energia - Reduzir	139.581	.541	.000	HS
Gestão de resíduos - Segregação	55.785	.376	.000	HS
Gestão de resíduos - Reciclagem	125.387	.520	.000	HS
Actividades do escritório	227.812	.635	.000	HS

HS - altamente significativo

Printed by Books on Demand GmbH, Norderstedt / Germany